Regan Rajendran
Nithya Venkatachalam

Um método para detetar e prevenir ataques de injeção de SQL

Regan Rajendran
Nithya Venkatachalam

Um método para detetar e prevenir ataques de injeção de SQL

ScienciaScripts

Imprint

Cover image: www.ingimage.com

This book is a translation from the original published under ISBN 978-3-659-82753-2.

Publisher:
Sciencia Scripts
is a trademark of
Dodo Books Indian Ocean Ltd. and OmniScriptum S.R.L publishing group

120 High Road, East Finchley, London, N2 9ED, United Kingdom
Str. Armeneasca 28/1, office 1, Chisinau MD-2012, Republic of Moldova, Europe
Printed at: see last page
ISBN: 978-620-8-35307-0

Dedicado

aos

nossos pais

Confirmar dgement

Agradecemos ao Todo-Poderoso a sua graça e a sua bênção, que nos permitiram levar a bom termo este projeto.

Agradecemos muito aos meus queridos professores e amigos pelas suas valiosas sugestões e pelo seu amável apoio em todos os esforços. Estamos muito gratos aos nossos pais, sogros e familiares pelo seu apoio e motivação durante todo o processo de elaboração do livro.

Gostaríamos de exprimir a minha sincera gratidão ao Dr. S. Lakshmana Pandian, Professor Associado, Departamento de Informática e Engenharia, Faculdade de Engenharia de Pondicherry, Puducherry e à Sra. S. Sinthana Gorky, Professora Assistente, Faculdade de Engenharia e Tecnologia VRS, Villupuram, pelo seu apoio e sugestões para este esforço.

Obrigado

Regan. R

Nithya . V

ÍNDICE DE CONTEÚDOS

CAPÍTULO I

INTRODUÇÃO

1.1 VISÃO GERAL DA APLICAÇÃO WEB

Aplicação Web é o termo geral normalmente utilizado para designar todas as aplicações distribuídas com base na Web. De acordo com a definição mais técnica de engenharia de software, uma aplicação Web é descrita como uma aplicação acessível pela Web através de uma rede. Muitas empresas estão a converter os seus programas informáticos em aplicações baseadas na Web. As aplicações Web são semelhantes aos programas informáticos, mas diferem apenas pelo facto de serem acessíveis através da Web, permitindo a criação de sítios Web dinâmicos e proporcionando uma interação completa com o utilizador final. As aplicações Web são colocadas na Internet e todo o processamento é efectuado no servidor, o computador que aloja a aplicação [1].

As aplicações Web são conjuntos de páginas Web, ficheiros e programas que residem no servidor Web de uma empresa, aos quais qualquer utilizador autorizado pode aceder através de uma rede, como a World Wide Web ou uma intranet local. Uma aplicação Web é normalmente um modelo de três níveis. Normalmente, o primeiro é um navegador Web no sítio do cliente, o segundo é o motor real no lado do servidor, onde o núcleo da aplicação é executado, e o terceiro nível é a base de dados. Um servidor processa todas as transacções do utilizador e, normalmente, o utilizador final limita-se a aceder à aplicação Web através de um navegador Web, interagindo com ela. Uma vez que as aplicações Web residem num servidor, são fáceis de gerir. De facto, podem ser actualizadas e modificadas a qualquer momento pelo proprietário das aplicações Web com um esforço mínimo e sem qualquer distribuição ou instalação de software nas máquinas dos clientes. Esta é a principal razão para a ampla adoção de aplicações Web nas organizações actuais.

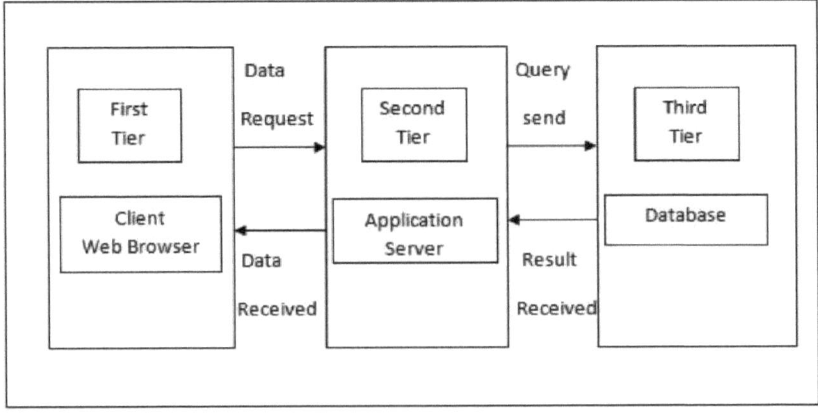

Figura 1.1: Modelo de transferência de mensagens da arquitetura de camadas

A figura 1.1 mostra a arquitetura típica de um sistema de aplicações Web. Esta arquitetura de três níveis é constituída por um navegador Web, que funciona como interface do utilizador; um servidor de aplicações Web, que gere a lógica comercial; e um servidor de dados, que gere os dados persistentes. O servidor de aplicações Web recebe dados sob a forma de cadeias de caracteres de ambos os outros níveis: dados do utilizador provenientes do navegador e conjuntos de resultados do servidor de bases de dados. Normalmente, incorpora alguns destes dados nos resultados que fornece aos outros níveis, também sob a forma de cadeias de caracteres: consultas para o servidor de bases de dados e documentos HTML para o navegador, sendo ambos executados pelos respectivos níveis.

Uma aplicação Web é uma aplicação que é acedida através de uma rede, como a Internet ou uma intranet. O termo pode também significar uma aplicação informática codificada numa linguagem suportada por um programa de navegação, como o JavaScript, combinada com uma linguagem de marcação como o HTML e dependente de um programa de navegação comum para tornar a aplicação executável pelos respectivos níveis. O fluxo de dados entre níveis dá origem ao problema de validação de entrada para o servidor de aplicações Web, que deve verificar e/ou modificar as cadeias de entrada antes de as processar ou incorporar nos resultados que passa a outros níveis para execução. O facto de não verificar ou sanitizar adequadamente as entradas pode comprometer a segurança da aplicação Web.

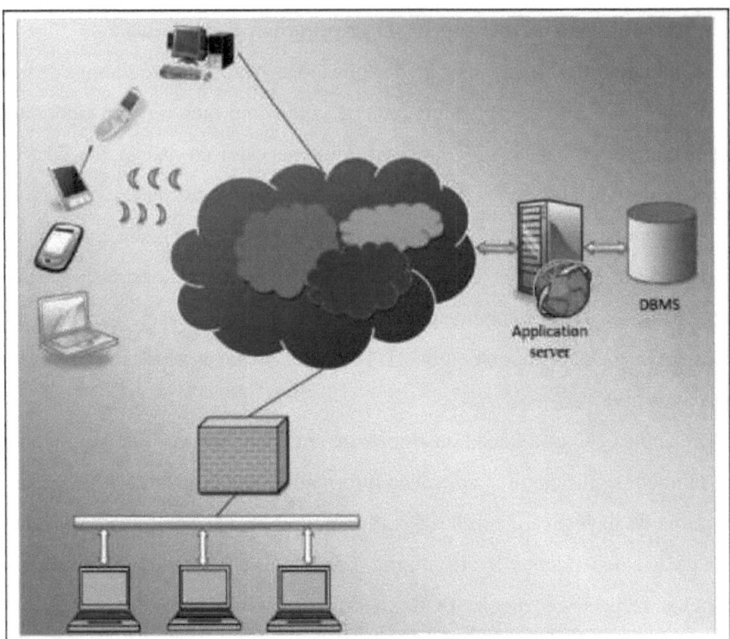

Figura 1.2: Rede mundial de computadores típica da Internet

Hoje em dia, as aplicações Web estão a tornar-se cada vez mais populares e têm a possibilidade de se tornarem um dos principais intervenientes no mercado global do software, devido a vantagens como a visibilidade e o acesso mundial. De facto, uma aplicação Web é um portal mundial acessível não só através de computadores pessoais normais, mas também através de diferentes dispositivos de comunicação, como telemóveis e PDA, como mostra a Figura 1.2[41]. As aplicações Web estão presentes em todos os aspectos da nossa utilização diária da Internet. Exemplos comuns são as aplicações utilizadas para pesquisar na Internet, como o "Google", para leilões públicos, como o "eBay", e muitas outras, bem como o webmail, os carrinhos de compras, o comércio eletrónico e as redes sociais. A parte central da aplicação Web é armazenada no servidor de aplicações do lado do servidor. Este núcleo é constituído por um verdadeiro programa informático codificado numa linguagem de programação suportada pelo navegador, como PHP, ASP, CGI, Perl, Java/Jsp, J2EE.

1.2 Linguagem de consulta estruturada (SQL)

SQL (pronuncia-se "S-Q-L") é a linguagem de alto nível utilizada em vários sistemas de gestão de bases de dados relacionais. Foi originalmente desenvolvida no início dos anos 70 por Edgar F. Codd na IBM e rapidamente se tornou a linguagem mais utilizada em todas as bases de dados relacionais. A SQL é uma linguagem informática declarativa que tem elementos que incluem cláusulas, expressões, predicados, consultas e declarações. O que torna a SQL tão poderosa é a sua imensa flexibilidade e a sua capacidade de ser abstrata. Permite que um ser humano utilize a SQL para pedir a informação que pretende sem delinear a forma como a informação deve ser obtida. Assim, o utilizador fica livre de quaisquer conhecimentos de programação necessários para satisfazer a consulta. Neste sentido, é uma linguagem de "alto nível" ainda mais elevada do que as linguagens de programação mais tradicionais, como C++ e Java. Uma pessoa com poucos ou nenhuns conhecimentos de programação pode utilizar a SQL de forma eficaz. No entanto, a SQL inclui caraterísticas e funções poderosas que permitem aos utilizadores com conhecimentos de programação criar consultas complexas e aplicá-las a utilizações ainda mais poderosas. A Structured Query Language (SQL) é utilizada para consultar, operar e administrar sistemas de bases de dados como o Microsoft SQL Server, Oracle ou MySQL. A utilização geral da SQL é consistente em todos os sistemas de bases de dados que a suportam; no entanto, existem pormenores que são específicos de cada sistema. Os sistemas de bases de dados são normalmente utilizados para fornecer funcionalidades de backend a muitos tipos de aplicações Web. Para apoiar as aplicações Web, os dados fornecidos pelo utilizador são frequentemente utilizados para criar dinamicamente instruções SQL que interagem diretamente com uma base de dados. Uma pessoa pode utilizar todas estas caraterísticas e funcionalidades de uma forma não autorizada e perigosa através de ataques de injeção de SQL.

1.2.1 Ataque de injeção de SQL

Atualmente, a maioria das aplicações Web utiliza uma conceção de vários níveis, normalmente com três níveis: o nível de apresentação, o nível de aplicação e o nível de dados. O nível de apresentação é a interface Web HTTP, o nível de aplicação implementa a funcionalidade do software e o nível de dados mantém os dados numa forma estruturada e responde aos pedidos do nível de aplicação. Entretanto, as grandes empresas que desenvolvem sistemas de gestão de bases de dados baseados em SQL dependem fortemente do hardware para garantir o desempenho desejado. A injeção de SQL é um tipo de ataque em que o atacante adiciona código Structured Query Language (Linguagem de Consulta Estruturada) à caixa de entrada de um formulário Web para obter acesso ou fazer alterações aos dados. A vulnerabilidade da injeção de SQL permite que um atacante envie comandos diretamente para a base de dados subjacente da aplicação Web e destrua a funcionalidade ou a confidencialidade [2].

1.3 OBJECTIVO

As aplicações Web continuam a ganhar popularidade e são normalmente utilizadas para fins comerciais, governamentais e de colaboração em linha. Estas aplicações seguem normalmente uma arquitetura em camadas. As informações importantes sobre o estado são armazenadas numa base de dados back-end, enquanto a camada de aplicação constitui a interface do utilizador com esses dados. As vulnerabilidades na camada de aplicação podem dar a um utilizador malicioso acesso indireto ao back-end, a informações importantes como contas de utilizador e números de cartões de crédito. A deteção de ataques de injeção SQL através da comparação de consultas SQL estáticas com consultas geradas dinamicamente após a remoção dos valores dos atributos conduz a um problema de integridade. Assim, podemos utilizar a análise de modelos estáticos e dinâmicos para a deteção e prevenção de ataques de injeção SQL e o algoritmo de classificação para reduzir a necessidade de o utilizador ter mais consciência ao escrever consultas SQL. Os utilizadores são classificados em utilizadores éticos e não éticos com base nas suas consultas anteriores, aplicando o algoritmo de classificação em que os padrões são armazenados na base de dados.

1.4 MOTIVAÇÃO

Atualmente, a informação é o bem empresarial mais importante e alcançar um nível adequado de "segurança da informação" pode ser considerado essencial para manter uma vantagem competitiva [3]. Os ataques de injeção de SQL (SQLIAs) são considerados uma das 10 principais vulnerabilidades das aplicações Web de 2010 pelo Open Web Application Security Project (OWASP) e, recentemente, em agosto de 2011, um hacker roubou registos de utilizadores do sítio de desenvolvimento da Nokia utilizando a "injeção de SQL"[4]. São fáceis de detetar e explorar, razão pela qual os SQLIA são frequentemente utilizados por utilizadores mal-intencionados por diferentes razões. Por exemplo, fraude financeira, roubo, dados confidenciais, desfiguração de sítios Web, sabotagem, espionagem, ciberterrorismo ou simplesmente por diversão. Além disso, as técnicas de ataque SQL Injection tornaram-se mais comuns, mais ambiciosas e cada vez mais sofisticadas, pelo que a comunidade de segurança informática tem grande necessidade de encontrar uma solução eficaz e viável para este problema. A deteção ou prevenção de SQLIAs é um tema de investigação ativa na indústria e no meio académico. Para atingir esses objectivos, foram implementadas ferramentas automáticas e sistemas de segurança, mas nenhum deles é suficientemente completo ou preciso para garantir um nível absoluto de segurança na aplicação Web. Uma das razões importantes para esta lacuna é o facto de não existir uma metodologia comum e completa para a avaliação, quer em termos de desempenho, quer em termos de modificação do código-fonte, o que constitui uma sobrecarga para um sistema existente. É essencial um mecanismo que possa ser facilmente implementado e que ofereça um bom desempenho para detetar e prevenir o ataque de injeção de SQL. Assim, propusemos uma nova técnica modificada de deteção e prevenção da injeção de SQL através de classificação, análise estática e dinâmica.

1.5 ORGANIZAÇÃO DOS CAPÍTULOS

O plano dos capítulos foi organizado da seguinte forma:

O Capítulo II aborda o ataque de injeção de SQL e a classificação de SQLIA, bem como as soluções para esses ataques em aplicações Web.

O capítulo III trata da deteção da injeção de SQL com base na remoção de valores de atributos, mas contém algumas vulnerabilidades que podem ser ultrapassadas pela solução proposta.

O capítulo IV trata do método proposto para detetar o ataque de injeção SQL utilizando a classificação e a análise estática e dinâmica.

O capítulo V trata dos resultados da simulação e das capturas de ecrã do sistema proposto.

O Capítulo VI resume as nossas conclusões e descreve o nosso trabalho futuro.

CAPÍTULO II

INQUÉRITO BIBLIOGRÁFICO

2.1 VISÃO GERAL DO ATAQUE DE INJECÇÃO SQL

A SQL (Structured Query Language - linguagem de consulta estruturada) é uma linguagem textual utilizada para interagir com bases de dados relacionais. A unidade típica de execução da SQL é a "consulta", que é um conjunto de instruções que, normalmente, devolvem um único "conjunto de resultados". As instruções SQL podem modificar a estrutura das bases de dados e manipular o seu conteúdo através de vários comandos DDL e DML, respetivamente. A injeção de SQL ocorre quando um atacante é capaz de inserir uma série de instruções SQL numa consulta, manipulando os dados introduzidos numa aplicação

2.1.1 Definição de SQLIA

Atualmente, a maioria das aplicações Web utiliza uma conceção de vários níveis, normalmente com três níveis: um nível de apresentação, um nível de processamento e um nível de dados. A camada de apresentação é a interface Web HTTP, a camada de aplicação implementa a funcionalidade do software e a camada de dados mantém os dados estruturados e responde aos pedidos da camada de aplicação. Entretanto, as grandes empresas que desenvolvem sistemas de gestão de bases de dados baseados em SQL dependem fortemente do hardware para garantir o desempenho desejado. A injeção de SQL é um tipo de ataque em que o atacante adiciona código Structured Query Language à caixa de entrada de um formulário Web para obter acesso ou fazer alterações aos dados. A vulnerabilidade da injeção de SQL permite que um atacante envie comandos diretamente para a base de dados subjacente da aplicação Web e destrua a funcionalidade ou a confidencialidade.

2.1.2 Processo de ataques de injeção de SQL (SQLIA)

A SQLIA é uma técnica de pirataria informática em que o atacante adiciona instruções SQL através de um campo de entrada de uma aplicação Web ou de um parâmetro oculto para aceder a recursos. A falta de validação das entradas nas aplicações Web faz com que o hacker seja bem sucedido. Basicamente, o processo SQL está estruturado em três fases:

- Um ataque envia o pedido HTTP malicioso para a aplicação Web.
- Criar a instrução SQL.
- Envia as instruções SQL para a base de dados back end

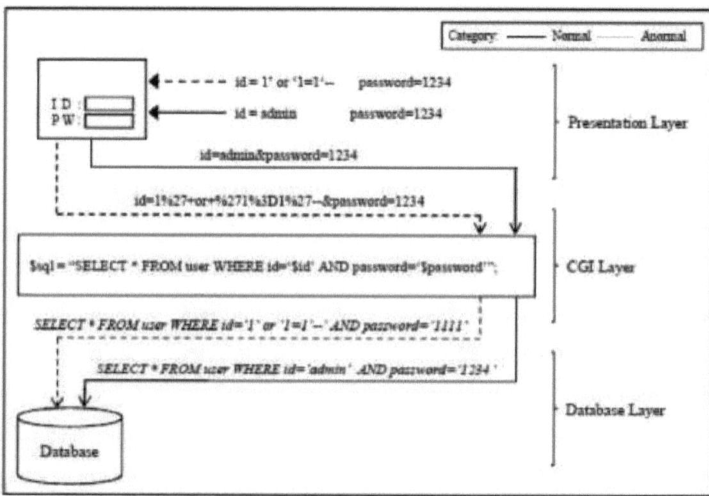

Figura 2.1: Fluxo de dados de um ataque normal de injeção de SQL e de um ataque de injeção de SQL.

2.2 CLASSIFICAÇÃO DA SQLIA

Dependendo de muitos factores, os ataques de injeção de SQL podem ser divididos em vários grupos.

2.2.1 Por intenção do atacante

Uma classificação importante da SQLIA está relacionada com a intenção do atacante ou, por outras palavras, o objetivo do ataque [5].

Extração de dados Esta categoria de ataques tenta extrair valores de dados da base de dados back end. Com base no tipo de aplicação Web, estas informações podem ser sensíveis, por exemplo, números de cartões de crédito, números sociais; os dados privados são altamente valiosos para o atacante. Este tipo de intenção é o tipo mais comum de SQLIA.

Adicionar ou modificar dados O objetivo destes ataques é adicionar ou alterar valores de dados numa base de dados.

Impressão digital da base de dados Nesta categoria de ataque, o utilizador malicioso pretende descobrir informações técnicas sobre a base de dados, como o tipo e a versão que uma aplicação Web específica está a utilizar. É notório que certos tipos de bases de dados respondem de forma diferente a diferentes consultas e ataques, e esta informação pode ser utilizada para "imprimir as impressões digitais" da base de dados. Quando o intruso conhece o tipo e a versão da base de dados, é possível organizar um ataque específico a essa base.

Passando a autenticação Através deste ataque, os intrusos tentam contornar os mecanismos de autenticação da base de dados e da aplicação. Uma vez ultrapassados, esses mecanismos podem permitir que o intruso assuma os direitos e privilégios associados a outro utilizador da aplicação.

Identificar parâmetros capazes de injeção O seu objetivo é explorar uma aplicação Web para descobrir quais os parâmetros e campos introduzidos pelo utilizador que são vulneráveis à SQLIA. Utilizando uma ferramenta automatizada chamada "scanner de vulnerabilidades", esta intenção pode ser identificada.

Determinar o esquema da base de dados O objetivo deste ataque é obter todas as informações sobre o esquema da base de dados (como nomes de tabelas, nomes de colunas e tipos de dados das colunas). Isto é muito útil para um atacante reunir estas informações para extrair dados da base de dados com êxito. Normalmente, este objetivo é alcançado através da exploração de ferramentas específicas, como os testes de penetração e os scanners de vulnerabilidades.

Realização de negação de serviço Nesta categoria, os intrusos interrompem os serviços do sistema executando algumas instruções para que a base de dados de uma aplicação Web seja encerrada, o que provoca a negação do serviço. Os ataques que envolvem o bloqueio ou a eliminação de tabelas da base de dados também se enquadram nesta categoria.

2.3 Vulnerabilidades

2.3.1 Validação insuficiente das entradas

A validação das entradas é uma tentativa de verificar ou filtrar qualquer entrada para detetar comportamentos maliciosos. Uma validação de entrada insuficiente permite que o código seja executado sem uma verificação correta da sua intenção. Os atacantes que tiram partido de uma validação de entrada insuficiente podem utilizar código malicioso para efetuar ataques.

2.3.2 Conta privilegiada

Uma conta privilegiada tem um certo grau de liberdade para fazer o que as contas normais não podem fazer. A sua ação pode também estar isenta de auditoria e validação. Isto representa uma vulnerabilidade, uma vez que uma conta privilegiada comprometida, como uma conta de administrador, pode comprometer muito mais do que uma conta normal comprometida.

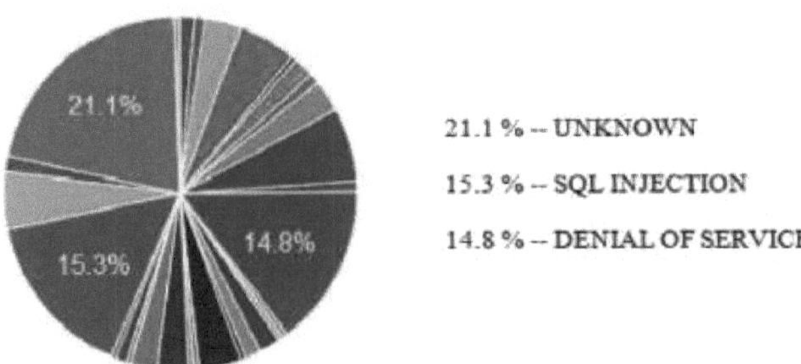

Figura 2.2: Ataques Web registados em 2010.

Para sublinhar a omnipresença das aplicações Web e a prevalência dos seus problemas, a Figura 2.2 mostra, para o relatório semestral de julho a dezembro de 2010, que a injeção de SQL está consistentemente ou perto do topo de 15,3% das vulnerabilidades comunicadas em 2010.

	Resultado	Método de ataque	Fraqueza da aplicação
Governo	Desfiguração (26%)	Injeção de SQL (24%)	Tratamento incorreto das entradas ' ' (26%) ^
Finanças	Perda monetária (64%)	**Credenciais** roubadas (36%)	Autenticação insuficiente (59%)
Retalho	Fuga de cartões de crédito (27%) ^	Injeção de SQL (27%)	Tratamento incorreto das entradas ' ' (27%) ^

Tabela 2.1: Visão vertical: Governo, Finanças e Retalho em 2010

Ao longo de 2010, as verticais Governo, Finanças e Retalho enfrentaram resultados diferentes, mas igualmente importantes. Os ataques contra agências governamentais resultaram em desfiguração em 26% dos ataques de injeção de SQL, enquanto o retalho foi mais afetado pela fuga de cartões de crédito em 27% dos ataques de injeção de SQL e as finanças sofreram perdas monetárias em 64% dos ataques. A figura 2.2 e o quadro 2.1 apresentam dados estatísticos da base de dados de incidentes de pirataria informática na Web (WHID) de 2010 [6].

Assim, a desfiguração e a fuga de cartões de crédito ocorrem no sector governamental, no sector retalhista, como a banca em linha e os carrinhos de compras, devido a ataques de injeção SQL.

1.4 . Consequência da SQLIA

O resultado de uma injeção SQLIA pode ser desastroso porque uma injeção SQL bem sucedida pode ler dados sensíveis da base de dados, modificar dados da base de dados (Inserir/Atualizar/Eliminar), executar operações administrativas na base de dados (como **desligar** o SGBD), recuperar o conteúdo do sistema de ficheiros do SGBD e executar comandos (xp cmdshell) no sistema operativo. As principais consequências destas vulnerabilidades são os ataques :

i) **Autorização** Os dados críticos que são armazenados numa base de dados SQL vulnerável podem ser alterados por uma SQLIA bem sucedida, um privilégio de autorização.

ii) **Autenticação** Se não houver um controlo adequado do nome de utilizador e da palavra-passe na página de autenticação, pode ser possível aceder a um sistema como um utilizador normal sem saber o nome de utilizador e/ou a palavra-passe corretos.

iii) **Confidencialidade** Normalmente, as bases de dados são constituídas por dados sensíveis, como informações pessoais, números de cartões de crédito e/ou números sociais. Por conseguinte, a perda de confidencialidade é um grande problema com a vulnerabilidade SQL Injection. De facto, o roubo de dados sensíveis é uma das intenções mais comuns dos atacantes.

iv) **Integridade** Através de uma SQLIA bem sucedida, não só um atacante lê informações sensíveis, como também é possível alterar ou apagar essas informações privadas.

2.5 . Afirmações

As afirmações são informações ou dados que um agente de ameaça não autorizado tenta obter.

a) **Impressão digital do servidor de bases** de dados As impressões digitais do servidor de bases de dados contêm informações sobre o sistema de bases de dados utilizado. Identificam o tipo e a versão específicos da base de dados, bem como o dialeto de linguagem SQL correspondente. O comprometimento deste ativo pode permitir que os atacantes construam código malicioso especificamente para o dialeto da linguagem SQL em questão.

b) **Esquema** da base de dados O esquema da base de dados descreve a arquitetura interna do servidor As informações sobre a estrutura da base de dados, tais como os nomes das tabelas, o tamanho e as relações, são definidas no esquema de dados. Um comprometimento do esquema da base de dados pode permitir que os atacantes conheçam a estrutura exacta da base de dados, incluindo os títulos das tabelas, linhas e colunas.

c) **Dados da base de** dados Os dados da base de dados são o ativo mais importante de qualquer sistema de base de dados. Contêm as informações contidas nos quadros descritos no esquema da base de dados, tais como preços numa loja em linha, informações pessoais de clientes, palavras-passe de administradores, etc. Um comprometimento dos dados da base de dados resultará normalmente numa falha da funcionalidade pretendida do sistema, pelo que a sua confidencialidade e integridade devem ser protegidas.

d) **Rede** Uma rede interliga vários anfitriões e permite a comunicação entre eles. Um comprometimento numa rede comprometerá muito provavelmente todos os anfitriões da rede. Algumas redes podem também estar interligadas com outras redes, aumentando os potenciais danos, caso um ataque seja bem sucedido.

2.6 Tipo de ataque de injeção SQL

2.6.1 Tautologias

Uma tautologia SQL é uma declaração que é sempre verdadeira. Os ataques de injeção SQL baseados em tautologia são normalmente utilizados para contornar a autenticação do utilizador ou para obter dados não autorizados, inserindo uma tautologia numa declaração condicional. Uma tautologia SQL típica tem a forma "or <comparison expression>", em que a expressão de comparação utiliza um ou mais operadores relacionais para comparar operandos e gerar uma condição sempre verdadeira. O objetivo geral de um ataque baseado em tautologia é injetar tokens SQL que façam com que a instrução condicional da consulta avalie sempre como verdadeira.

Por exemplo

SELECT * FROM user WHERE username ='malani' or 1=1; o "or 1=1";

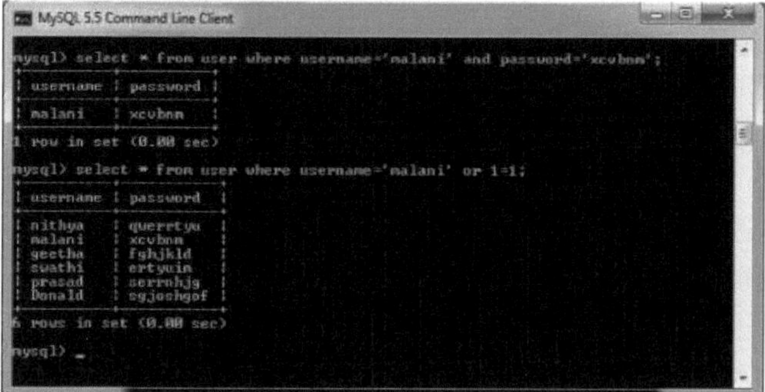

Figura: 2.3 Ataque de injeção de SQL com tautologia

2.6.2 Consulta de apoio

No ataque "piggy-backed Query", o atacante tenta anexar consultas adicionais à cadeia de consulta original. Quando o ataque é bem sucedido, a base de dados recebe e executa uma cadeia de consulta que contém várias consultas distintas. Neste método, a primeira consulta é original, enquanto as consultas subsequentes são injectadas. Este ataque é muito perigoso; o atacante pode utilizá-lo para injetar praticamente qualquer tipo de comando SQL.

Por exemplo,

SELECT * FROM transfer1 WHERE fr='5555'; DROP TABLE transfer1; --';

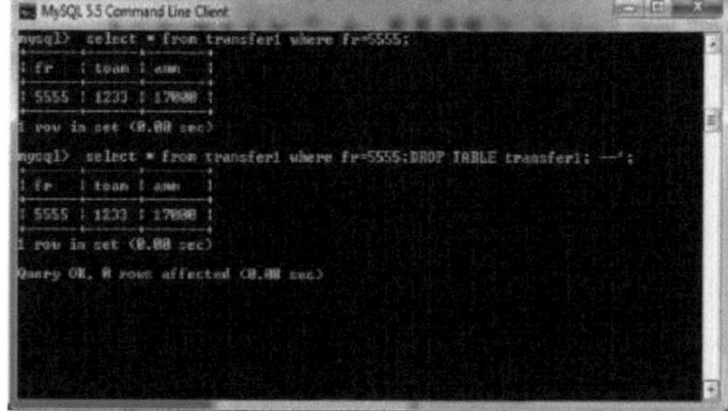

Figura: 2.4 Consulta com apoio de um porco

Aqui, a base de dados trata a cadeia de consulta acima como duas consultas separadas por ";" e executa ambas. A segunda subconsulta é uma consulta maliciosa e faz com que a base de dados elimine a tabela do utilizador na base de dados.

2.6.3 Consultas logicamente incorrectas

Este ataque tira partido das mensagens de erro que são devolvidas pela base de dados para uma consulta incorrecta. Estas mensagens de erro da base de dados contêm frequentemente informações úteis que permitem ao atacante descobrir o parâmetro vulnerável numa aplicação e o esquema da base de dados.

Por exemplo

SELECT * FROM user WHERE id='1111' AND password='1234' AND CONVERT (char, no);

O objetivo deste ataque é recolher a estrutura e a informação do CGI.

2.6.4 Consulta da União

A injeção de consulta da União é designada por ataque de injeção de instruções. Neste ataque, o atacante insere uma declaração adicional na declaração SQL original. Este ataque pode ser efectuado através da inserção de uma consulta UNION ou de uma declaração do tipo ";< SQL statement >" no parâmetro vulnerável. O resultado deste ataque é que a base de dados devolve um conjunto de dados que é a união dos resultados da consulta original com os resultados da consulta injectada. Por exemplo

SELECT * FROM user WHERE id='1111'

UNIÃO

SELECT * FROM member WHERE id='admin' --' AND password='1234';

2.6.5 Procedimento armazenado

Nesta técnica, o atacante concentra-se nos procedimentos armazenados que estão presentes no sistema de base de dados. Os procedimentos armazenados são executados diretamente pelo motor da base de dados. O procedimento armazenado não é mais do que um código e pode ser vulnerável como código de programa. Para um utilizador autorizado/não autorizado, o procedimento armazenado devolve verdadeiro/falso. Como um SQLIA, o intruso introduz "; SHUTDOWN; --" como nome de utilizador ou palavra-passe. Em seguida, o procedimento armazenado gera a seguinte consulta:

SELECT accounts FROM users WHERE login= 'doe' AND pass=' ';

SHUTDOWN;

Este tipo de ataque funciona como um ataque "piggy-back". A primeira consulta original é executada e, consequentemente, a segunda consulta, que é ilegítima, é executada e provoca o encerramento da base de dados. Assim, é considerável que os procedimentos armazenados sejam tão vulneráveis como o código da aplicação web.

2.7 TÉCNICAS

Existem várias técnicas para detetar e prevenir a injeção de SQL em aplicações Web, como o Web Application Vulnerability and Error Scanner WAVES [7], uma técnica de caixa negra para testar as vulnerabilidades de injeção de SQL em aplicações Web. A ferramenta identifica todos os pontos de uma aplicação Web que podem ser utilizados para injetar SQLIAs.

O JDBC-Checker [8] não foi desenvolvido com o objetivo de detetar e impedir os SQLIAs gerais, mas pode ser utilizado para impedir ataques que tiram partido de incompatibilidades de tipos numa cadeia de consulta gerada dinamicamente. Tautology Checker (verificador de tautologia) que utiliza análise estática para impedir ataques de tautologia. No entanto, a limitação desta técnica é que o seu âmbito está limitado à tautologia e não pode detetar ou impedir outros tipos de ataques.

Quadro de análise estática, denominado A Static Analysis Framework for Detecting SQL Injection Vulnerabilities (SAFELI) [9] para identificar vulnerabilidades SQLIA em tempo de compilação. As consultas SQL Guard e SQL Check são verificadas em tempo de execução com base num modelo que é expresso como uma gramática que apenas aceita consultas legais.

Livshits e Lam utilizam técnicas de análise estática para detetar vulnerabilidades no software. Java Static Tainting [10] utiliza técnicas de fluxo de informação para detetar quando uma entrada contaminada foi utilizada para criar um SQLIA. A principal limitação desta abordagem é que só pode detetar padrões conhecidos de SQLIAs e pode gerar uma quantidade relativamente elevada de falsos positivos porque utiliza uma análise conservadora.

Java Dynamic Tainting e SecuriFly [11] é outra ferramenta implementada para Java. Apesar de outras ferramentas, esta ferramenta procura a cadeia de caracteres em vez de caracteres para obter informações contaminadas e tenta higienizar as cadeias de caracteres de consulta que foram geradas utilizando dados contaminados, mas infelizmente a injeção em campos numéricos não pode ser travada por esta abordagem. A dificuldade de identificar todas as fontes de entrada do utilizador é a principal limitação desta abordagem.

O SQLGuard [12] examina a estrutura da consulta antes e depois da adição de dados introduzidos pelo utilizador com base no modelo. No SQL Check, o modelo é especificado de forma independente pelo programador. Ambas as abordagens utilizam uma chave secreta para delimitar a entrada do utilizador durante a análise pelo verificador em tempo de execução.

A segurança da Web através da análise estática e da inspeção em tempo de execução (Webs SARI) utiliza a análise estática para verificar os fluxos de contaminação em relação às condições prévias das funções sensíveis [13]. Funciona com base na entrada higienizada que passou por um conjunto predefinido de filtros. A limitação da abordagem é que as condições prévias adequadas para funções sensíveis não podem ser expressas com exatidão, pelo que alguns filtros podem ser omitidos.

Um sistema de filtragem proxy que intensifica as regras de validação de entrada nos dados que fluem para uma aplicação Web é designado por Security Gateway [14]. Nesta técnica de transferência de parâmetros da página Web para o servidor de aplicações, os programadores devem utilizar a linguagem descritora de políticas de segurança (SPDL). Assim, o programador deve saber quais os dados que devem ser filtrados e também quais os padrões que devem ser aplicados aos dados.

O SQLPrevent [15] consiste num intercetor de pedidos HTTP. O fluxo de dados original é modificado quando o SQLPrevent é implementado num servidor Web. Os pedidos HTTP **25**
são guardados no armazenamento local da thread atual. Em seguida, o intercetor SQL intercepta as instruções SQL feitas pela aplicação Web e transmite-as ao módulo detetor de SQLIA. Consequentemente, o pedido HTTP do armazenamento local do segmento é obtido e examinado para determinar se contém um SQLIA. A instrução SQL maliciosa seria impedida de ser enviada para a base de dados, se fosse suspeita de SQLIA.

O Swaddler analisa [16] o estado interno de uma aplicação Web. Funciona com base em variáveis simples e múltiplas e mostra uma forma impressionante de combater ataques complexos a aplicações Web. Primeiro, a abordagem descreve os valores normais das variáveis de estado da aplicação em pontos críticos dos componentes da aplicação. Depois, durante a fase de deteção, monitoriza a execução da aplicação para identificar estados anómalos.

2.8 ANÁLISE DE TRABALHOS RELACIONADOS

1. Quadro de apoio

Xiang Fu; Xin Lu; Peltsverger, e B. Shijun Chen [17] propuseram um quadro para aplicações Web que fornece uma função que pode ser utilizada para evitar a injeção de SQL. Mas se quisermos incluir metacaracteres na entrada, não podemos evitar a injeção de SQL. **2. Análise estática**

Wassermann e Su [18] propuseram uma abordagem que utiliza uma análise estática combinada com raciocínio de autómatos. Esta técnica verifica se as consultas SQL geradas na aplicação não contêm normalmente tautologia. Esta técnica é eficaz apenas para injecções SQL que inserem uma tautologia. Esta técnica é eficaz apenas para injecções SQL que inserem uma tautologia nas consultas SQL, mas não consegue detetar outro tipo de ataques de injeção SQL.

3. AMNÉSIA

Junjin [19] propõe a abordagem AMNESIA para rastrear o fluxo de entrada SQL e gerar entradas de ataque, JCrasher para gerar casos de teste e SQLInjectionGen para identificar pontos críticos. O AMNESIA é uma ferramenta de deteção de SQLIA em tempo de execução. O AMNESIA é composto por duas partes: análise estática e deteção dinâmica. Durante a análise estática, o AMNESIA identifica hotspots, sendo que um hotspot é definido como "pontos no código da aplicação que emitem consultas SQL para a base de dados subjacente". Em seguida, o AMNESIA constrói um modelo de consultas SQL que podem ser geradas por uma aplicação para cada ponto de acesso.

Em tempo de execução, o AMNESIA verifica as consultas geradas dinamicamente em relação ao modelo de consulta criado estaticamente. Se não corresponderem, o monitor de tempo de execução do AMNESIA devolve um erro e impede a execução da consulta SQL. Caso contrário, a consulta é enviada para o servidor da base de dados. A experiência foi efectuada em duas aplicações Web executadas em MySQL1 1 v5.0.21. Com base em três tentativas nas duas bases de dados, o SQLUnitGen não teve falsos positivos, mas teve um pequeno número de falsos negativos, enquanto a ferramenta de análise estática teve um falso positivo para cada vulnerabilidade que estava efetivamente protegida por uma lista branca ou negra. O quadro proposto é eficiente, tendo em conta o facto de privilegiar a precisão da entrada de ataque. Além disso, a entrada de ataque é adequadamente combinada com os argumentos do método. A única desvantagem desta abordagem é o facto de envolver uma série de passos utilizando diferentes ferramentas.

4. Esquema SQLrand

Boyd, Keromytis [20] propôs o SQLrand que utiliza a aleatorização do conjunto de instruções da instrução SQL para verificar o ataque de injeção SQL. As palavras-chave SQL são manipuladas acrescentando-lhes um número inteiro aleatório que o atacante não consegue adivinhar facilmente. Ao fazê-lo, as palavras-chave SQL pré-definidas na aplicação Web são aleatorizadas. Antes de entrar na base de dados, as palavras-chave SQL manipuladas são descodificadas em comandos SQL padrão por um proxy. Utiliza um proxy para anexar uma chave à palavra-chave SQL. O proxy pode ser utilizado para filtrar as mensagens de erro geradas pela base de dados. As mensagens de erro podem revelar informações valiosas sobre a base de dados e as suas tabelas e nomes de colunas. Ao ter um proxy, as mensagens de erro geradas pela base de dados nunca voltarão à aplicação Web.

Um proxy de-randomização converte então a consulta randomizada em consultas SQL adequadas para a base de dados. A chave não é conhecida pelo atacante, pelo que o código injetado pelo atacante é tratado como palavras-chave e expressões indefinidas que causam excepções em tempo de execução e a consulta não é enviada para a base de dados. O SQLrand utiliza a lógica da aleatorização do conjunto de instruções. Os números inteiros aleatórios não serão anexados a nenhum outro comando SQL, pelo que o proxy não reconhecerá estes comandos injectados e dará origem a expressões inválidas. A desvantagem deste sistema é a sua configuração complexa e a segurança da chave. Se a chave for exposta, o atacante pode formular consultas para efetuar um ataque bem sucedido.

5. Abordagem de avaliação dinâmica de candidatos

Bishtet al [21] propuseram o CANDID. Trata-se de um método de avaliação dinâmica de candidatos para a prevenção automática de ataques de injeção de SQL. Este quadro extrai dinamicamente as estruturas de consulta de cada local de consulta SQL que são pretendidas pelo criador (programador). Assim, resolve o problema de modificar manualmente a aplicação para criar as instruções preparadas.

6. SQLIPA

5. Ali, SK. Shahzad e H. Javed [22] propuseram um esquema para adotar a abordagem do valor hash para melhorar ainda mais o mecanismo de autenticação do utilizador. Utilizam os valores hash do nome de utilizador e da palavra-passe. O protótipo SQLIPA (SQL Injection Protetor for Authentication) foi desenvolvido para testar o quadro. Os sistemas foram implementados utilizando o Microsoft SQL Server 2005 como SGBD. Foram utilizados dois procedimentos de armazenamento com o nome Create_user_account e User_authentication. O

procedimento de armazenamento Create_user_account é utilizado quando uma nova conta de utilizador é criada pela primeira vez. Calcula os valores hash do nome de utilizador e da palavra-passe e armazena-os na tabela User_account.

O procedimento de armazenamento User_authentication é utilizado para verificar a autenticação do utilizador utilizando o nome de utilizador, a palavra-passe e os respectivos valores de hash. É executado sempre que um utilizador pretende iniciar sessão na base de dados utilizando o nome de utilizador e a palavra-passe. O procedimento de armazenamento User_authentication gera valores de hash sempre que o utilizador inicia sessão na base de dados. Os valores de hash do nome de utilizador e da palavra-passe são criados e calculados em tempo de execução pela primeira vez que a conta de utilizador específica é criada.

7. Abordagem SQL CHECKER

Su e Wassermann [23] implementam o seu algoritmo com SQLCHECK num ambiente de tempo real. Verifica se as consultas de entrada estão em conformidade com as consultas esperadas definidas pelo programador. É aplicada uma chave secreta para delimitar a entrada do utilizador. A análise do SQLCHECK não revela falsos positivos ou falsos negativos. Além disso, a taxa de tempo de execução de sobrecarga é muito baixa e pode ser implementada diretamente em muitas outras aplicações Web que utilizam diferentes linguagens.

8. Prevenção da SQLIA utilizando procedimentos armazenados

Ke Wei, M. Muthuprasanna, Suraj Kothari [24] propuseram que os procedimentos armazenados são sub-rotinas na base de dados que as aplicações podem chamar de função. A prevenção nestes procedimentos armazenados é implementada através de uma combinação de análise estática e análise em tempo de execução. A análise estática utilizada para a identificação de comandos é conseguida através de um analisador de procedimentos armazenados e a análise em tempo de execução é efectuada através de um verificador SQL para a identificação de entradas. Um procedimento armazenado é um conjunto de operações que é armazenado. Normalmente, os procedimentos armazenados são escritos em SQL. Uma vez que os procedimentos armazenados são armazenados no lado do servidor, estão disponíveis para todos os clientes. Quando o procedimento armazenado é modificado, todos os clientes recebem automaticamente a nova versão. A proposta consiste numa combinação de análise estática e monitorização em tempo de execução para reforçar a segurança de potenciais vulnerabilidades.

9. Esquema SQL DOM

Russell A. McClure e In golf H. Kruger [25] propuseram o SQL DOM (SQL Domain Object Model), um conjunto de classes fortemente ligadas a um esquema de base de dados. Baseia-se na verificação em tempo de compilação de instruções SQL dinâmicas. Em vez da manipulação de cadeias de caracteres, estas classes são utilizadas para gerar instruções SQL. O número de cadeias de caracteres SQL pode ser grande em projectos de média ou grande dimensão, pelo que mostramos como extrair automaticamente o SQL DOM de um esquema de base de dados existente, demonstramos a sua aplicabilidade para resolver os problemas e avaliamos o seu desempenho. A aplicação estará segura porque o SQL DOM constrói todas as instruções SQL e remove todos os erros de incompatibilidade de sintaxe e de tipo de dados e, consequentemente, todos os ataques de injeção de SQL conhecidos serão omitidos. Numa aplicação que utiliza cadeias de caracteres SQL, é difícil defender-se contra ataques de injeção de SQL.

10. Abordagem DIWeDa

Roichman e Gudes [26] propuseram IDS (sistemas de deteção de intrusões) para as bases de dados backend. Utilizam o Detecting Intrusion in Web Databases (DIWeDa), um protótipo que actua ao nível da sessão e não da instrução SQL ou da fase de transação, para detetar as intrusões nas aplicações Web. Utilizamos um novo classificador de intrusões SQL Session Content Anomaly, o que nos permite detetar não só os ataques mais conhecidos, como as injecções SQL, mas também tipos de ataques mais complexos, como as violações da lógica empresarial. As nossas experiências implementaram o protótipo do sistema de deteção de intrusões proposto e mostraram a sua viabilidade e eficácia. O quadro proposto é eficiente e pode identificar injecções SQL e violações da lógica empresarial.

11. Abordagem SQL-IDS

Kemalis e Tzouramanis em [27] sugerem a utilização de uma nova metodologia baseada em especificações para a deteção de explorações de vulnerabilidades de injeção SQL. A deteção específica da consulta proposta permitiu que o sistema efectuasse uma análise específica com um custo computacional negligenciável, sem produzir falsos positivos ou falsos negativos.

12. Abordagem baseada em assinaturas

R. Ezumalai [28] propôs uma técnica baseada em assinaturas contra ataques de injeção de SQL. Nesta técnica, utilizaram três módulos para detetar problemas de segurança. Um módulo de monitorização que recebe os dados da aplicação web e os envia para o módulo de análise. Um módulo de análise que descobre os pontos críticos da aplicação e utiliza o algoritmo de Hirschberg. O algoritmo de Hirschberg é um algoritmo de comparação de cadeias de caracteres que funciona com base na regra de dividir e conquistar. Armazena todas as palavras-chave no módulo de especificações.

13 Abordagem baseada em anomalias

Mehdi Kiani et al [29] descreveram uma abordagem baseada em anomalias que utiliza a distribuição de caracteres de certas secções de pedidos HTTP para detetar ataques de injeção de SQL nunca antes vistos. A nossa abordagem não requer qualquer interação do utilizador, nem modificação ou acesso à base de dados backend ou ao código fonte da própria aplicação web. Os nossos resultados práticos sugerem que o modelo proposto neste artigo é superior aos modelos existentes na deteção de ataques de injeção de SQL.

14 .contaminação positiva

William G.J. Halfond [30] propôs um sistema WASP (Web application SQL- injection preventer) que tenta evitar ataques de injeção de SQL através de um método chamado positive tainting. No método de contaminação positiva, a parte fiável da consulta (cadeia de caracteres estática) não é considerada para execução e é mascarada como contaminada, enquanto todas as outras entradas são consideradas. A dificuldade, neste caso, é a propagação de adulterações numa consulta através de chamadas de funções, especialmente para as funções definidas pelo utilizador que chamam outras funções externas, levando à execução de uma consulta adulterada.

15.Sistemas de deteção de intrusão: Valeur e colegas [33] propõem a utilização de um sistema de deteção de intrusões (IDS) para detetar SQLIAs. O seu sistema IDS baseia-se numa técnica de aprendizagem automática que é treinada utilizando um conjunto de consultas típicas de aplicações. A técnica cria modelos das consultas típicas e, em seguida, monitoriza a aplicação em tempo de execução para identificar as consultas que não correspondem ao modelo. Na sua avaliação, Valeur e colegas mostraram que o seu sistema é capaz de detetar ataques com uma elevada taxa de sucesso. No entanto, a limitação fundamental das técnicas baseadas na aprendizagem é o facto de não poderem dar garantias quanto à sua capacidade de deteção, uma vez que o seu sucesso depende da qualidade do conjunto de treino utilizado. Um conjunto de treino deficiente faria com que a técnica de aprendizagem gerasse um grande número de falsos positivos e negativos.

16. Análise dinâmica A análise dinâmica, ao contrário da análise estática, pode localizar vulnerabilidades de ataques de injeção de SQL sem fazer quaisquer ajustes nas aplicações Web. O programa de código aberto Paros [34] analisa não só as vulnerabilidades dos SQLIAs, mas também outras vulnerabilidades da aplicação Web. O Paros não é perfeito porque utiliza códigos de ataque pré-determinados para analisar e utiliza a resposta HTTP para determinar a taxa de sucesso do ataque. Sania [32] encontra e recolhe vulnerabilidades de ataques de injeção de SQL entre a aplicação Web e as bases de dados. Em seguida, gera códigos de ataque de injeção SQL.

Depois de atacar com o código gerado, recolhe a consulta SQL do ataque. Depois de a consulta SQL normal ser comparada e analisada com a consulta SQL recolhida do ataque utilizando a árvore de análise, a taxa de sucesso do ataque é verificada. Uma vez que é utilizada uma árvore de análise, o Sania é mais exato do que a verificação da resposta HTTP. Yonghee Shin [35] propôs a utilização da análise do fluxo de entrada e da análise da validação de entrada para construir uma caixa branca e gerou dados de entrada de teste para localizar vulnerabilidades de injeção de SQL. O método de análise dinâmica é vantajoso porque não são necessários ajustes na aplicação Web. No entanto, as vulnerabilidades encontradas na aplicação Web têm de ser corrigidas manualmente pelos programadores e nem todas podem ser encontradas sem ataques predefinidos.

17. Avaliação de cadeias de caracteres sensíveis ao contexto (CSSE) A ideia básica subjacente a esta abordagem é descobrir a causa principal da SQLIA [36]. A causa principal é a origem dos dados (informação sobre os dados, designada por metadados), ou seja, fornecidos pelo utilizador ou fornecidos pelo programador. Assim, quaisquer dados fornecidos pelo utilizador são marcados como não fiáveis e os dados fornecidos pelas aplicações são designados como fiáveis. Os metadados não fidedignos são utilizados para análise sintáctica com base na "Avaliação de cadeias de caracteres sensíveis ao contexto (CSSE)". A injeção pode também ocorrer devido a falhas de programação durante o desenvolvimento. A CSSE baseia-se basicamente na análise sintáctica, que começa por distinguir constantes de cadeia (por exemplo, select *from users where login='$login_name') e constantes numéricas (por exemplo, select * from users where pin=$pin). Em seguida, remove todos os caracteres inseguros (aspas sem escape) em identificadores alfanuméricos e caracteres não numéricos em identificadores numéricos. Esta operação é efectuada antes de enviar a consulta para o servidor da base de dados. Esta abordagem apresenta os seguintes problemas: (i) a inicialização dos caracteres não seguros depende do programador Web e (ii) a remoção dos caracteres não seguros restringe a funcionalidade da aplicação.

18. Abordagem combinatória R. Ezumalai e G. A-2009 [37] utilizaram uma técnica baseada em assinaturas contra ataques de injeção de SQL. Nesta técnica, utilizaram três módulos para detetar problemas de segurança. Um módulo de monitorização que recebe os dados da aplicação web e os envia para o módulo de análise. Um módulo de análise que descobre os pontos críticos da aplicação e utiliza o algoritmo de Hirschberg. O algoritmo de Hirschberg é um algoritmo de comparação de cadeias de caracteres que funciona com base na regra de dividir e conquistar. Armazena todas as palavras-chave no módulo de especificações.

19. Abordagens manuais MeiJunjin destaca a utilização de abordagens manuais para evitar falhas de manipulação de entradas SQLI. Nas abordagens manuais, são aplicadas a programação defensiva e a revisão do código[33]. Na programação defensiva: é implementado um filtro de entrada para impedir que os utilizadores introduzam palavras-chave ou caracteres maliciosos. Isto é **33**

A análise de código pode ser efectuada utilizando listas brancas ou listas negras. No que diz respeito à revisão do código [43], é um mecanismo de baixo custo para detetar erros; no entanto, exige um conhecimento profundo dos SQLIAs.

20. Abordagens automatizadas Para além da utilização de abordagens manuais, MeiJunjin [38] também destaca a utilização de abordagens automatizadas. O autor refere que os dois principais esquemas são: Static analysis FindBugs e Web vulnerability scanning. A abordagem de análise estática FindBugs detecta bugs em SQLIAs, emitindo um aviso quando uma consulta SQL é feita de uma variável. No entanto, para a análise de vulnerabilidades da Web, utiliza agentes de software para rastrear, analisa aplicações Web e detecta as vulnerabilidades observando o seu comportamento face aos ataques.

21. Abordagem baseada na especificação Kemalis e Tzouramanis [39] propuseram uma abordagem baseada na especificação para detetar ataques de injeção de SQL. Esta técnica baseia-se no pressuposto de que uma instrução injectada e a instrução pretendida do programa têm estruturas diferentes. Por conseguinte, uma comparação das suas estruturas pode indicar se a instrução injectada é maliciosa. As especificações utilizadas para descrever a estrutura pretendida de todas as instruções geradas pela aplicação. As especificações descrevem as regras sobre a estrutura sintáctica que uma consulta SQL gerada por uma aplicação deve seguir para ser considerada legítima [39]. Kemalis e T zouramanis criaram especificações para as suas aplicações utilizando a Extended Backus Naur Form (EBNF) com base nos critérios da linguagem de base de dados SQL da ISO/IEC.

22. Esquema de controlo de acesso de granularidade fina Em [40], Roichman e Gudes, para proteger as bases de dados de aplicações Web, sugerem a utilização de um controlo de acesso de granularidade fina às bases de dados Web. Os autores desenvolvem um novo método baseado num mecanismo de controlo de acesso de granularidade fina. O acesso à base de dados é supervisionado e monitorizado pelo controlo de acesso à base de dados incorporado. Esta abordagem é eficaz na medida em que a segurança e o controlo de acesso à base de dados são transferidos da camada de aplicação para a camada de base de dados. Trata-se de uma solução para a vulnerabilidade da rastreabilidade da sessão SQL. Além disso, trata-se de um quadro aplicável a quase todas as aplicações de bases de dados. Por conseguinte, diminui significativamente o risco de ataques no backend da aplicação de base de dados.

2.9 CONCLUSÃO DO INQUÉRITO

Este capítulo apresentou uma panorâmica do ataque de injeção de SQL, a classificação dos ataques de injeção de SQL e um relatório recente sobre os ataques na Web em 2010. Este capítulo também abordou várias técnicas para detetar e prevenir o ataque de injeção de SQL Web Application Vulnerability and Error Scanner (WAVES), uma técnica de caixa negra para testar as aplicações Web em busca de vulnerabilidades de injeção de SQL. Quadro de análise estática, denominado A Static Analysis Framework for Detecting SQL Injection Vulnerabilities (SAFELI), para identificar vulnerabilidades de SQLIA em tempo de compilação.

Um sistema de filtragem proxy que intensifica as regras de validação de entrada nos dados que fluem para uma aplicação Web é designado por Security Gateway. Método de avaliação dinâmica de candidatos para a prevenção automática de ataques de injeção de SQL. Detecting Intrusion in Web Databases (DIWeDa), um protótipo que actua ao nível da sessão e não da instrução SQL ou da fase de transação, para detetar as intrusões em aplicações Web.

Enquanto discutimos a aplicação Web, compreendemos as vulnerabilidades da aplicação Web e a intenção do atacante de injetar SQL, várias soluções para a prevenir e detetar.

CAPÍTULO III
SISTEMA ACTUAL
3.1 VISÃO GERAL
O ataque de inserção de SQL é uma técnica de injeção de código que explora uma vulnerabilidade de segurança que ocorre na camada de base de dados de uma aplicação e de um serviço. Este ataque é mais frequentemente encontrado em páginas Web com conteúdo dinâmico. O método de deteção da injeção de SQL consiste em remover o valor de um atributo de consulta SQL das páginas Web quando são apresentados parâmetros e compará-lo com um valor pré-determinado.
3.2 ANÁLISE ESTÁTICA
No contexto da informática, a análise estática refere-se ao processo automatizado de análise de código sem executar o código que está a ser analisado. Tenta-se compreender a semântica para raciocinar e deduzir propriedades desse código. Em geral, estes resultados são utilizados para tirar conclusões sobre o código. A análise estática envolve a verificação do código-fonte ou do binário, eliminando a necessidade de o executar. A abordagem é rápida e não tem qualquer sobrecarga de tempo de execução.
No entanto, as análises estáticas são bastante imprecisas e geram enormes falsos positivos e falsos negativos. A principal vantagem da análise estática em relação à análise dinâmica é o facto de que, com a análise dinâmica, só é possível identificar os problemas quando estes ocorrem. A análise dinâmica utiliza os estados de execução e as alterações de estado do código para a sua análise. Se um determinado estado não for atingido durante a execução, a análise dinâmica não pode produzir qualquer resultado relativamente a esse estado.
3.3 ANÁLISE DINÂMICA
A análise dinâmica é o teste e a avaliação de um programa através da execução de dados em tempo real. O objetivo é encontrar erros num programa enquanto este está a ser executado, em vez de examinar repetidamente o código offline. Ao depurar um programa em todos os cenários para os quais foi concebido, a análise dinâmica elimina a necessidade de criar artificialmente situações susceptíveis de produzir erros. Outras vantagens incluem a redução do custo dos testes e da manutenção, a identificação e eliminação de componentes desnecessários do programa e a garantia de que o programa que está a ser testado é compatível com outros programas.
A análise dinâmica é normalmente utilizada durante a fase de implantação, garantindo a proteção do tempo de execução da aplicação Web. Esta abordagem tem dois problemas quando utilizada em ambientes de produção: sobrecarga de tempo de execução e problema de actualizações.

3.4 MÉTODO ACTUAL

O método existente para detetar ataques de injeção SQL baseia-se na análise estática e dinâmica [31]. Este método remove os valores dos atributos das consultas SQL em tempo de execução (método dinâmico) e compara-os com as consultas SQL analisadas previamente (método estático) para detetar a injeção de SQL. Os símbolos utilizados no algoritmo existente são apresentados na tabela seguinte.

Table 3.1: Símbolo do algoritmo de deteção de injeção de SQL

Símbolo	**Descrição**
$I\{t, f\}$	Dados de entrada do utilizador { *t* : dados de entrada normais, *f* : dados de entrada anormais }
f	Função de remoção de valores de atributos SQL
$FQ\{t, f\}$	Correção da consulta SQL na aplicação web
$DQ\{t, f\}$	Geração de uma consulta SQL dinâmica a partir da entrada do utilizador { *t* : consulta SQL normal, *f* : consulta SQL anormal }
FDQ	Valor de atributo removido da consulta SQL fixa
$DDQ\{t, f\}$	Valor de atributo removido do atributo dinâmico Consulta SQL { *t* : consulta SQL normal, *f* : consulta SQL anormal }

O método de deteção de existência utiliza a função *f* que elimina os valores dos atributos nas consultas SQL. Os valores dos atributos das consultas SQL estáticas na aplicação Web e os das consultas SQL geradas em tempo de execução serão eliminados utilizando a fórmula abaixo.

$$FDQ = f(FQ) \quad (3.1)$$

$$DDQ = f(DQ) \quad (3.2)$$

O método de deteção proposto neste artigo utilizará uma função *f* semelhante à equação (3.1), (3.2) que tem a capacidade de eliminar os valores dos atributos nas consultas SQL. Os valores dos atributos da consulta SQL estática na aplicação Web e das consultas SQL geradas pelo tempo de execução serão eliminados. A função de remoção de valores de atributos *f* removerá os valores de atributos em *FQ, DQ*, como se mostra na tabela.

Table 3.2: Remoção de atributos função de valor *f*

FDQ = f(SELECT * FROM user WHERE id=' $id' AND password='$password')

= SELECT * FROM user WHERE id=' ' AND password=' '

DDQ1 = f(SELECT * FROM user WHERE id='admin' AND password='1234')

= SELECT * FROM user WHERE id=' ' AND password=' '

DDQ2 = f(SELECT * FROM user WHERE id='1 ' or' 1=1'-' AND password='1234') = SELECT * FROM user WHERE=' ' or AND "-"password ='1234'

Se o atacante aplicar uma consulta SQL inválida à função *f* , ocorrerá um erro de sintaxe ou formar-se-á um *DDQ* diferente do *FDQ* tabela 3.2.

^{F}DQ⊖ ddq j≤-. (3.3)

Depois de remover o valor do atributo, aplicando o cálculo XOR a *FDQ* e *DDQ*, como se mostra na equação (3.2), será possível determinar se a consulta SQL é uma consulta normal ou uma consulta de ataque.

3.4.1 Procedimento para o sistema existente

Passo 1: Analisar as aplicações Web para extrair *FQ* (Fixed Query) e criar uma lista.

Passo 2: Remover o valor do atributo para a consulta fixa utilizando a fórmula *FDQ = f (FQ)*.

Passo 3: Remover o valor do atributo para a consulta dinâmica utilizando a fórmula *DDQ = f (DQ)*.

Passo 4: Efetuar a operação exclusiva OR entre a consulta fixa e a consulta dinâmica. Se o resultado for zero, é considerada uma consulta normal; caso contrário, é considerada uma consulta anormal e é bloqueada.

FDQ © *DDQ1* = 0: Normal (sem bloqueio)

FDQ © *DDQ2* ≠ 0: Anormal. (Bloqueio)

3.4.2 Algoritmo de deteção de injeção de SQL

N, *n:* Número total de consultas SQL fixas na aplicação Web

FQ_i : Consulta SQL fixa na aplicação Web

DQ_k : consulta SQL dinâmica arbitrária a partir da FQ_i gerada

f: Função de atributo de eliminação na consulta SQL

$FQ = \{ FQ_i, , FQ_n \}$

$FDQ = \{ FDQ_i, , FDQ_n \}$

// ***análise estática***

1. Para i=1 a *N*

2. Obter FQ_i

$FDQ_i = f(FQ_i)$

Fim {For}

// **análise dinâmica**

Enquanto (*verdadeiro*)

Obter DQ_k

$DDQ_k = f(DQ_k)$

Se (*FDQ © DDQ) = 0*, então

sem bloqueio

Além disso

bloqueio

Fim {Se}

Fim {While}

De acordo com o algoritmo de deteção de injeção SQL acima referido, a lista de consultas fixas é recolhida através da análise da aplicação web pelo processo de análise estática. E remove-se o valor do atributo para todas as consultas fixas na aplicação web. Quando a aplicação é executada, cada consulta gerada dinamicamente é comparada ou executa a operação XOR com a consulta fixa; se o resultado for zero, essa consulta específica é autorizada a entrar na base de dados e, se o resultado não for zero, essa consulta é considerada anormal e deixa de ser enviada para a base de dados. As consultas obtidas a partir destas interfaces são enviadas para a análise estática, onde é capturada a consulta fixa através da análise de toda a aplicação Web e é removido o valor do atributo nessa consulta. Realiza a análise dinâmica para capturar a consulta em tempo de execução. Os resultados obtidos a partir dos módulos de análise dinâmica são depois enviados para o módulo de deteção e validação, que compara a consulta com remoção de atributos dinâmicos com a consulta com remoção de atributos fixos. Se ocorrer alguma discrepância, é assinalado um ataque SQLI, o que impede os ataques e permite que as consultas legítimas cheguem ao gestor da base de dados. O gestor da base de dados executa as consultas legítimas, como mostra a figura 3.1.

I

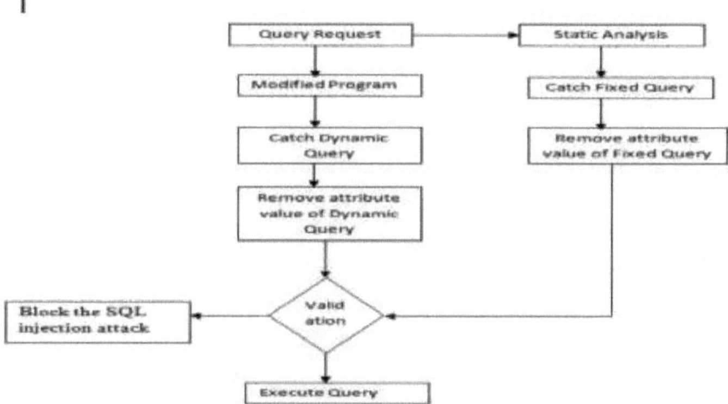

Figura 3.1 Diagrama de fluxo do sistema existente

Exemplos de aplicação dos métodos existentes

(a) **Ataque a consultas com tautologias:**

As consultas de injeção de SQL são injectadas em uma ou mais declarações condicionais para que sejam sempre avaliadas como verdadeiras.

FQ = SELECT * FROM user WHERE id='$id' AND password='$password'

FDQ =*f* (*DQ*)

=*f*(SELECT * FROM user WHERE id=' $id' AND password='$password') = SELECT * FROM user WHERE id=' ' AND password=' '

DQ1= SELECT * FROM user WHERE id='admin' AND password='1234' *DDQ1=f (DQ1)*

= *f* (SELECT * FROM user WHERE id='admin' AND password='1234') = SELECT * FROM user WHERE id=' ' AND password=' '

DQ2= SELECT * FROM user WHERE id='1' or '1=1'-'AND password='1234' *DDQ2*=*f* (*DQ2*)

=*f* (SELECT * FROM user WHERE id='1 ' or' 1=1'-' AND password='1234')

=SELECT * FROM user WHERE id=' ' or ' '-''1234'

A fórmula (3.2) é aplicada independentemente do facto de uma consulta SQL ser normal ou anormal. Aqui, © é o símbolo que representa o operador OR exclusivo. Ou seja, duas cadeias de caracteres são logicamente exclusivamente OR. Se aplicarmos esta fórmula ao exemplo anterior, obtemos os dois resultados seguintes:

FDQ © *DDQ1*= 0: Normal. (sem bloqueio)

FDQ © *DDQ2* ≠ 0: Anormal. (bloqueio)

(b) **Ataque de consultas ilegais/logicamente incorrectas**

Utilização de mensagens de erro rejeitadas pela base de dados para encontrar dados úteis que facilitem a injeção da base de dados backend.

FDQ: SELECT * FROM user WHERE id='' AND password='';

$_{DQf}$: SELECT * FROM user WHERE id='1111' AND password='1234' AND

CONVERT (char, no) --';

$_{DDQf:}$ SELECT * FROM user WHERE id='' AND password='' E

CONVERT (char, no) --';

FDQ © *DDQf* ≠ 0

(c) Consultas de união

A consulta injectada é associada a uma consulta segura utilizando a palavra-chave UNION para obter informações relacionadas com outras tabelas da aplicação.

FDQ: SELECT * FROM user WHERE id='' AND password='';

DQf : SELECT * FROM user WHERE id='1111' UNION

SELECT * FROM member WHERE id='admin' --' AND password='1234';

$_{DDQf}$: SELECT * FROM user WHERE id='' UNIÃO

SELECT * FROM member WHERE id='' --''1234';

FDQ © $_{DDQf}$≠ 0

(d) Consultas com base em dados secundários

As consultas maliciosas adicionais são inseridas numa consulta original injectada.

FDQ: SELECT * FROM user WHERE id='admin' AND password='1234'

$_{DQf}$: SELECT * FROM user WHERE id='admin' AND password='1234';

DROP TABLE user;

DDQf : SELECT * FROM user WHERE id='' AND password=''; DROP TABLE user;

FDQ © $_{DDQf}$≠ 0

(e) Procedimentos armazenados

Muitas bases de dados têm procedimentos armazenados incorporados. O atacante executa estas funções incorporadas utilizando códigos de injeção de SQL maliciosos.

FDQ: SELECT * FROM user WHERE id='' AND password='';

$_{DQf}$: SELECT * FROM user WHERE id='admin' AND password='1234';

SHUTDOWN;--;

$_{DDQf}$: SELECT * FROM user WHERE id=''AND password=''; SHUTDOWN;-;

FDQ © *DDQf* ≠ 0

Como demonstrado nos exemplos acima, o método existente é eficaz na deteção de ataques de injeção de SQL.

CAPÍTULO IV
SISTEMA PROPOSTO

4.1 VISÃO GERAL DO SISTEMA PROPOSTO

Os ataques de injeção SQL são vulneráveis, uma vez que as consultas fornecidas pelos utilizadores são modificadas por utilizadores pouco éticos e, por conseguinte, levam os sistemas a executar as suas próprias estruturas de consulta. Por conseguinte, os programadores legítimos têm muitas vezes de codificar com cuidado e vigilância as consultas SQL, uma vez que têm de validar as consultas introduzidas pelo utilizador para reduzir a consciência estrita do utilizador. No entanto, este tipo de validação torna-se fastidioso em grandes projectos em que muitos utilizadores escrevem o código do programa e as consultas relevantes para a mesma aplicação. Assim, os utilizadores são classificados em utilizadores éticos e não éticos com base nas suas consultas anteriores, aplicando o algoritmo de classificação em que os padrões são armazenados na base de dados. Depois de obter os resultados da classificação, apenas os utilizadores éticos são autorizados a fornecer a próxima consulta e as suas consultas são validadas através de uma análise estática e dinâmica.

4.2 MÓDULO DE CLASSIFICAÇÃO

O objetivo da classificação é encontrar os itens de dados semelhantes que pertencem à mesma classe. O termo classe pode ser considerado como a variável dependente em estatística. A aprendizagem em árvore de decisão, utilizada em estatística, extração de dados e aprendizagem automática, utiliza uma árvore de decisão como modelo preditivo que mapeia observações sobre um item para conclusões sobre o valor-alvo do item. Os nomes mais descritivos para estes modelos de árvores são árvores de classificação ou árvores de regressão. Nestas estruturas em árvore, as folhas representam etiquetas de classe e os ramos representam conjunções de caraterísticas que conduzem a essas etiquetas de classe.

Na análise de decisões, uma árvore de decisão pode ser utilizada para representar visual e explicitamente as decisões e a tomada de decisões. Para efeitos de prevenção, os utilizadores são classificados em utilizadores éticos e não éticos com base nas suas consultas anteriores, aplicando o algoritmo de classificação Bayesiano, em que os padrões são armazenados na base de dados. Depois de obter os resultados da classificação, só os utilizadores éticos podem fornecer os próximos **47**

e as suas consultas são validadas com recurso a análises estáticas e dinâmicas. A principal vantagem deste trabalho proposto é que garante que só são permitidas diretamente as consultas de utilizadores éticos e impede os ataques de injeção de SQL tentados por utilizadores não éticos.

4.3 ANÁLISE ESTÁTICA

No contexto da informática, a análise estática define o processo automatizado de análise de código sem executar o código que está a ser analisado. A análise estática determina a estrutura da consulta. Esta etapa identifica as consultas presentes no programa e gera a estrutura das consultas, ou seja, o modelo de consulta estático. O modelo de consulta estático é representado pelo DFA da consulta, que representa todos os valores possíveis que a consulta pode ter. Extraímos a gramática regular apenas para as cadeias de caracteres da consulta e geramos o DFA para elas. O DFA utiliza tokens SQL como símbolos.

Exemplo: Selecionar * da transferência1 onde fr ='num';

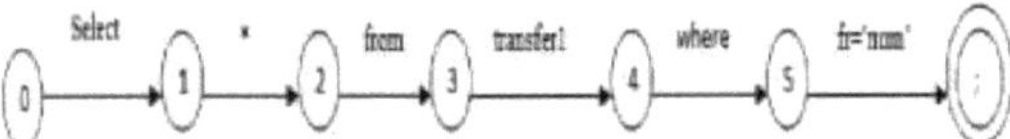

Figura 4.1: Forma DFA estática da Consulta

Figura 4.1: mostra a estrutura DFA da consulta acima, da mesma forma que a estrutura DFA exacta de todas as consultas na aplicação Web. [Por exemplo: aplicação de banca de Internet]

4.4 ANÁLISE DINÂMICA

A análise dinâmica pega na consulta formada em tempo de execução e forma o modelo de consulta dinâmico para a mesma. A tokenização das cadeias de consulta em tokens SQL é um modelo de consulta dinâmico. A cadeia de caracteres de consulta é transformada em palavras-chave, identificadores, caracteres especiais, cadeias de caracteres e números.

4.5 VALIDAÇÃO

No processo de validação, o modelo de consulta dinâmica é analisado em relação ao modelo de consulta estática. Se o sistema receber uma entrada maliciosa, a consulta dinâmica não será validada e o ataque de injeção SQL será assinalado.

4.6 PASSOS DO ALGORITMO DO MÉTODO PROPOSTO

Passo 1: Recolher as consultas anteriores dos utilizadores com intenções de ataque.

Passo 2: Classificar a consulta como normal ou anormal com base na consulta anterior e executar as consultas legítimas.

Passo 3: Efetuar uma análise estática para determinar a estrutura DFA da consulta em tempo de compilação.

Passo 4: Efetuar uma análise dinâmica para determinar a estrutura DFA da consulta em tempo de execução.

Passo 5: Efetuar a validação da análise dinâmica em relação à análise estática. Se a consulta dinâmica contiver código malicioso, não corresponderá ao modelo de consulta estática e será rejeitada.

4.7 ABORDAGEM PROPOSTA

O programador da aplicação pode enviar pedidos de consulta executando o programa de aplicação através da interface de aplicação, que consiste numa lista de funções que contém os componentes do programa e os componentes de consulta, ou pode enviar consultas SQL através da interface SQL. As consultas obtidas a partir destas interfaces são enviadas para o módulo de classificação, que utiliza uma base de conhecimentos constituída por consultas anteriores de todos os utilizadores registados e pelas regras necessárias para a tomada de decisões.

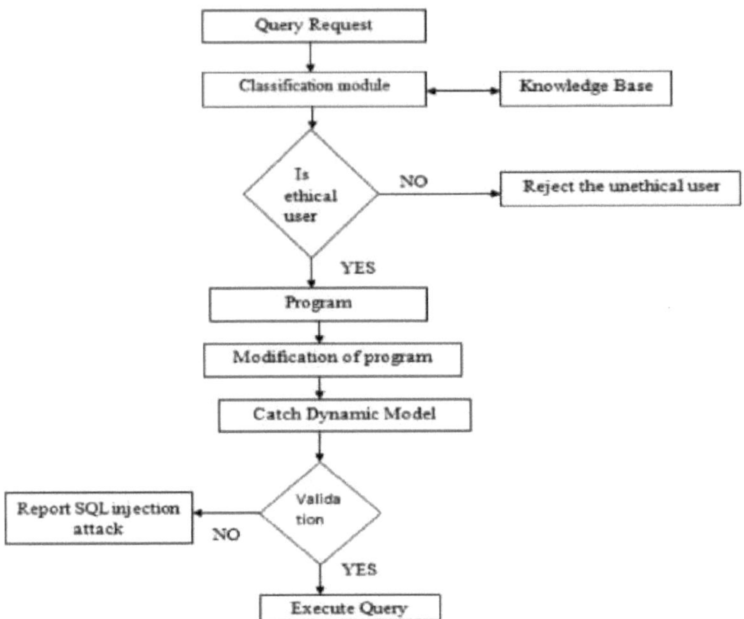

Figura: 4.2 Diagrama de fluxo para o sistema proposto

O módulo de classificação efectua a classificação utilizando o algoritmo da árvore de decisão e as consultas são enviadas para o módulo de análise de consultas com base nos resultados da classificação. Durante a análise estática, extrai-se a estrutura da consulta dos programas e gera-se um DFA (Deterministic Finite Automata) para a consulta estática, designado por modelo estático. Da mesma forma, em tempo de execução, captura a consulta dinâmica e gera DFA (Deterministic Finite Automata), conhecido como modelo dinâmico, e valida o modelo de consulta dinâmica em relação ao modelo de consulta estática. O ataque de injeção de SQL adiciona tokens à entrada do utilizador e, por conseguinte, altera a estrutura da consulta. Se a consulta dinâmica contiver código malicioso, não corresponderá ao modelo de consulta estática e será rejeitada, como mostra a figura 4.2.

CAPÍTULO V

RESULTADOS EXPERIMENTAIS

5.1 SNAPSHOTS

O sistema proposto é simulado através da implementação de uma aplicação bancária em linha simples com caraterísticas comuns, tais como transferência de dinheiro, pedido de empréstimo, depósito de dinheiro, receção de saques à ordem, visualização dos dados e extractos da conta. A aplicação é implementada utilizando a ferramenta Net Beans IDE 7.1.0, a página Web dinâmica é criada utilizando a programação JSP e, para armazenar e recuperar dados, é ligada à base de dados My SQL 5.5.

PÁGINA INICIAL

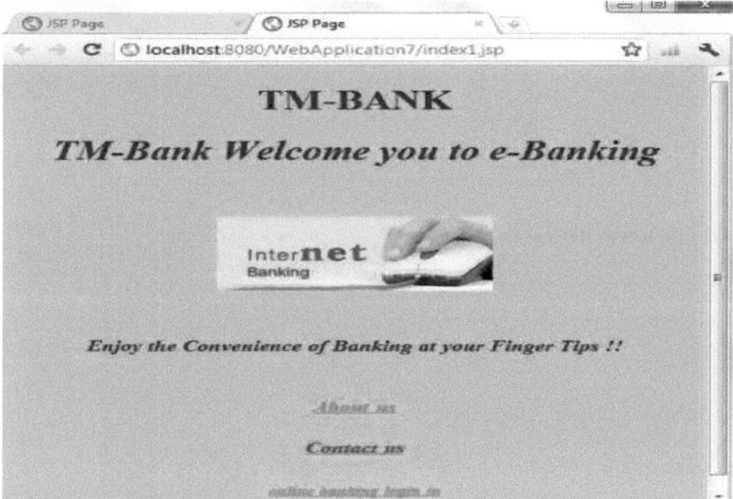

Figura 5.1: Página inicial da Banca em linha

FORMULÁRIO DE INÍCIO DE SESSÃO COM CONSULTA NORMAL

Figura 5.2: Formulário de início de sessão

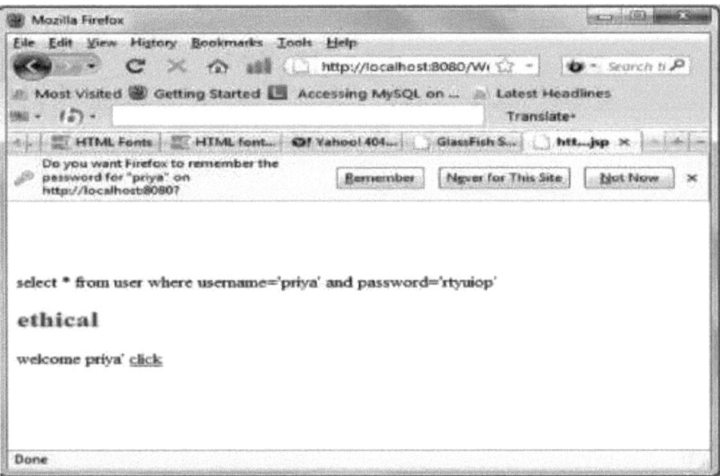

Figura 5.3: Início de sessão bem sucedido

A consulta dinâmica gerada na página de início de sessão é comparada com a consulta anterior, uma vez que no formulário de início de sessão não é injectada a injeção de SQL, o seu resultado é um utilizador ético.

FORMULÁRIO DE INÍCIO DE SESSÃO COM TAUTOLOGIAS CONSULTAS ATAQUE

Figura 5.4: Formulário de início de sessão com injeção de tautologia

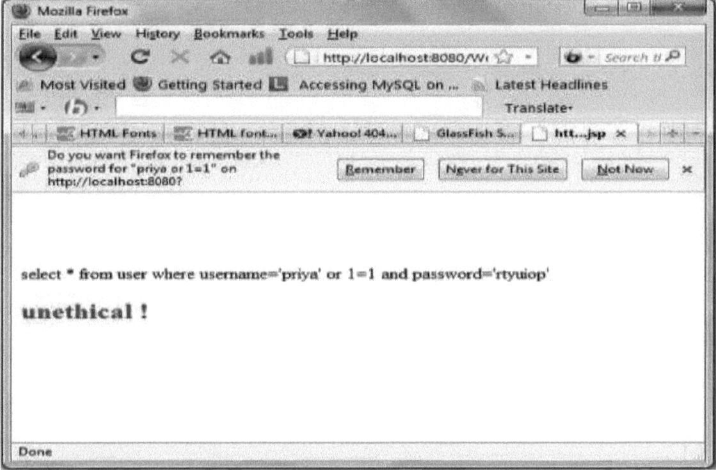

Figura 5.5: Consulta com injeção de tautologia bloqueada

Uma vez que o nome de utilizador é injetado com uma expressão tautológica, a consulta dinâmica gerada é comparada com a consulta anterior, o que resulta num utilizador não ético e bloqueia o acesso à página Web.

VER OS PORMENORES DA TRANSFERÊNCIA DE FUNDOS COM UMA CONSULTA NORMAL

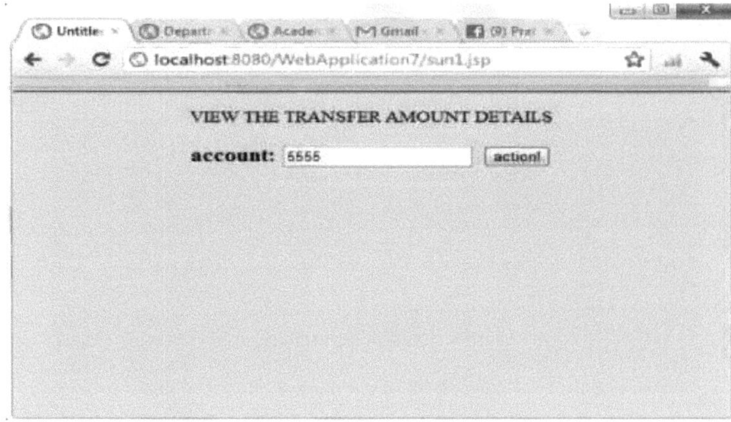

Figura 5.6: Ver os detalhes do montante da transferência

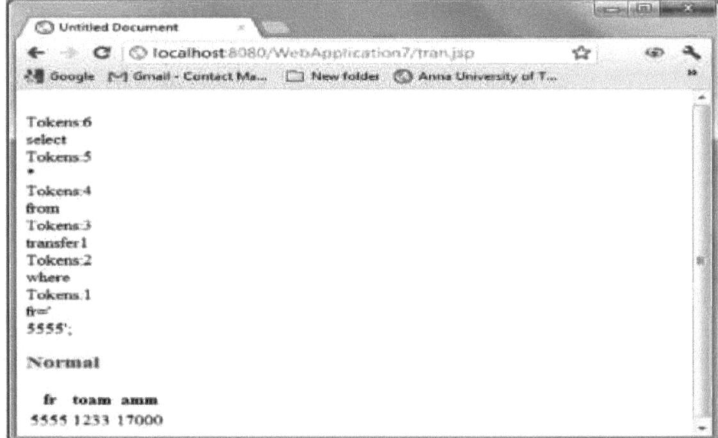

Figura 5.7: Visualização dos pormenores do montante da transferência

Na Fig. 5.6, a página de transferência de fundos não é injectada com injeção SQL e a consulta é comparada com a estrutura DFA e o resultado é normal, sendo apresentados os detalhes da transferência na Fig. 5.7

VER OS PORMENORES DA TRANSFERÊNCIA DE FUNDOS COM CONSULTAS COM GARANTIA

ATAQUE

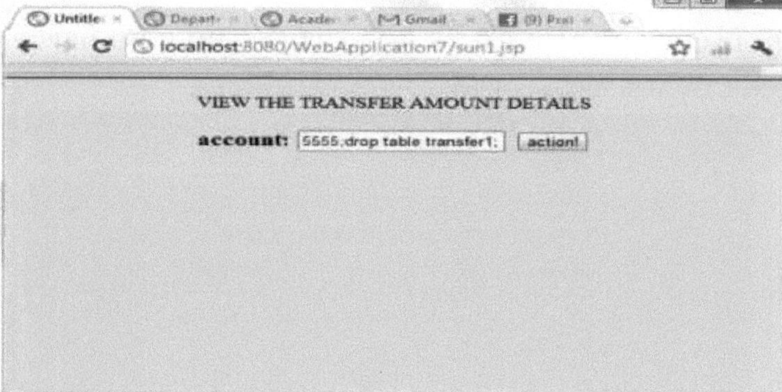

Figura 5.8: Detalhes da transferência de fundos com injeção de garantia real

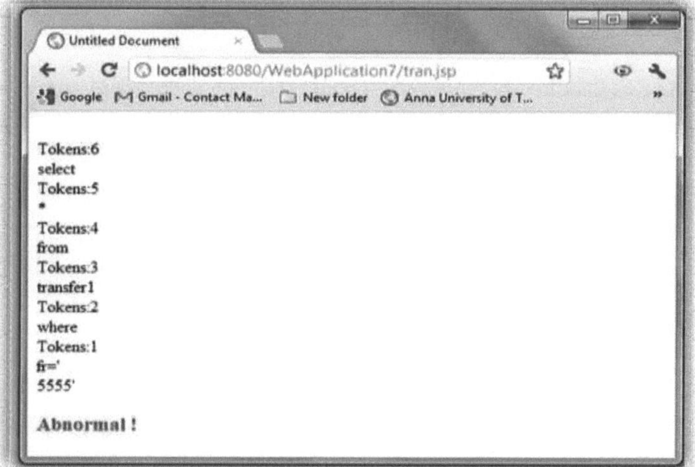

Figura 5.9 : Consulta injectada com apoio de porcos bloqueada

Uma vez que a página View transfer details da Fig 5.8 é injectada utilizando a injeção Piggy Backed, as consultas são comparadas com a estrutura DFA da consulta e a consulta é considerada anormal e bloqueada no acesso à base de dados.

VER OS DETALHES DO MONTANTE DO EMPRÉSTIMO E DO DEPÓSITO COM UMA CONSULTA NORMAL

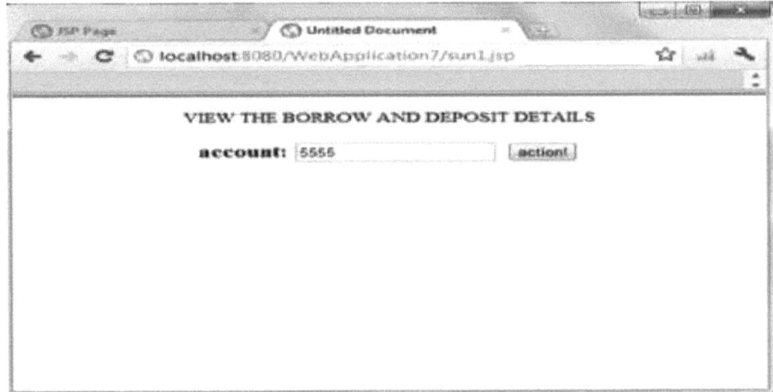

Figura 5.10: Ver os detalhes do montante do empréstimo e do depósito

Figura 5.11: Mostrar o nome do utilizador com empréstimo e depósito

Na Fig. 5.11, o nome do utilizador com empréstimo e depósito é apresentado utilizando a consulta union, uma vez que a Fig. 5.10 não foi injectada com injeção SQL e, ao comparar com a estrutura DFA, o resultado é normal e apresenta o nome de utilizador.

VER OS DETALHES DO EMPRÉSTIMO E DO DEPÓSITO COM O ATAQUE DE CONSULTAS SINDICAIS

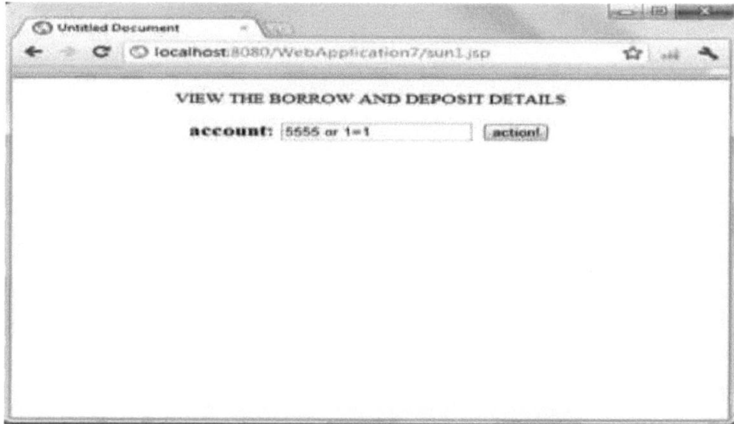

Figura 5.12: Ver os detalhes do empréstimo e do depósito com a injeção de consultas sindicais

Figura 5.13: Consultas de união injectadas A consulta está bloqueada

Na Fig. 5.12, a página de detalhes do empréstimo e do depósito é injectada utilizando a injeção de consulta de união e as consultas são comparadas com a consulta de estrutura DFA declarada como anormal e impedida de aceder à base de dados na Fig. 5.13

VER OS DETALHES DO DEPÓSITO COM UMA CONSULTA NORMAL

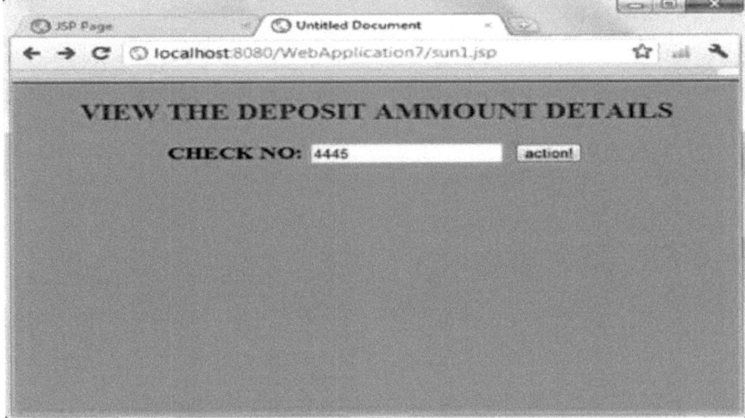

Figura 5.14: Ver os pormenores do depósito

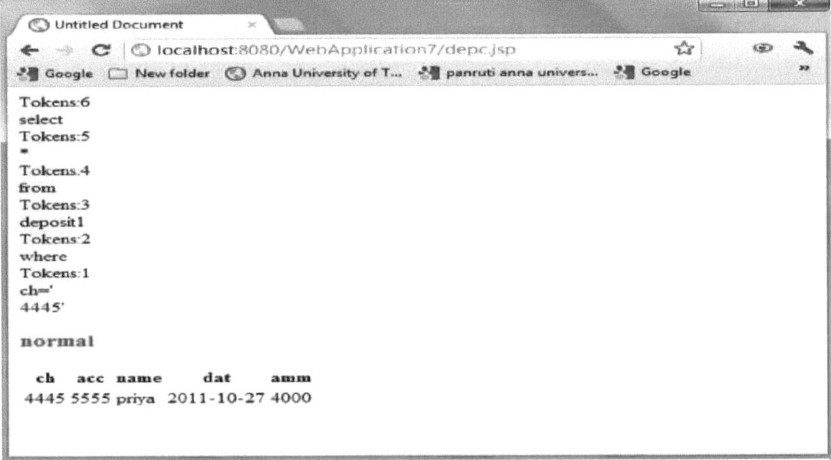

Figura 5.15: Visualizar os pormenores do depósito

Na Fig. 5.14, a página de depósito de vista não é injectada com a consulta de injeção SQL e é comparada com a estrutura DFA da consulta e o resultado é normal e apresenta os detalhes do depósito na Fig. 5.15

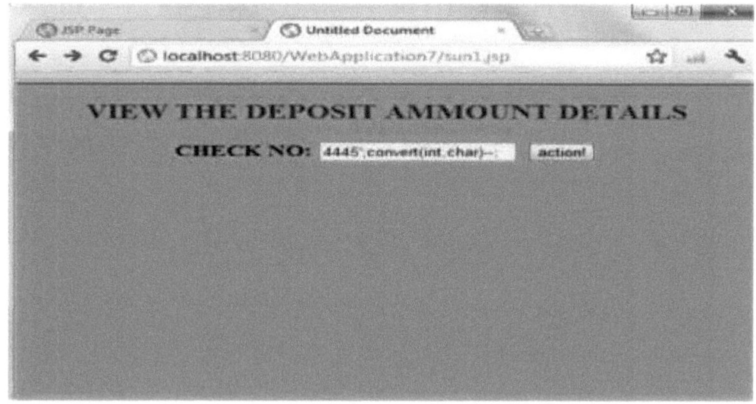

Figura 5.16 : Ver os detalhes do depósito com injeção ilegal

Figura 5.17: Consulta injectada ilegal bloqueada

Uma vez que a página de detalhes do depósito da Fig. 5.16 é injectada através de uma injeção ilegal, as consultas dinâmicas são comparadas com a estrutura DFA da consulta e a consulta é considerada anormal e bloqueada no acesso à base de dados.

VER OS DETALHES DO PROJECTO DE PEDIDO COM UMA CONSULTA NORMAL

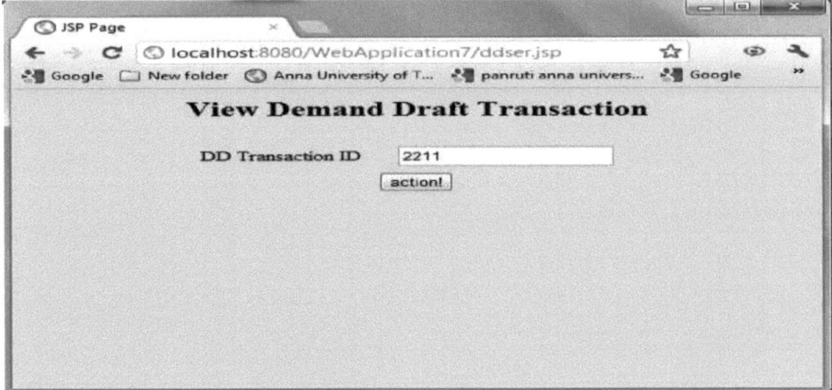

Figura 5.18 : Ver os detalhes do depósito

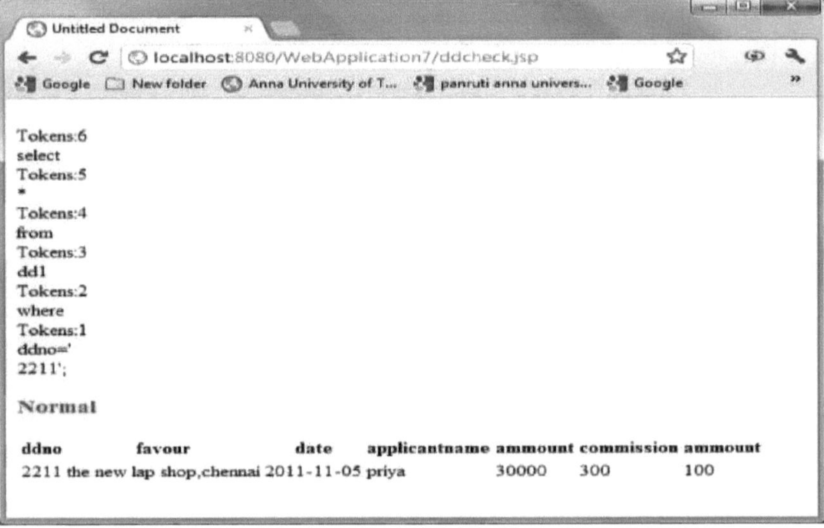

Figura 5.19 : Visualizar os detalhes do projeto de procura

Na Fig. 5.18, a página View DD details não é injectada com a consulta de injeção SQL e é comparada com a estrutura DFA do resultado da consulta como normal e apresenta os detalhes DD na Fig. 5.19

VER OS DETALHES DO PROJECTO DE PEDIDO COM UM PROCEDIMENTO ARMAZENADO INJECÇÃO

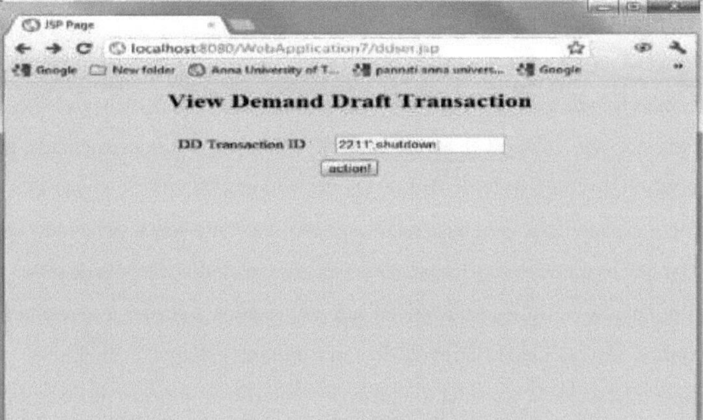

Figura 5.20 : Ver os detalhes do projeto de pedido com injeção ilegal

Figura 5.21: Consulta de procedimento armazenado bloqueada

Uma vez que a Fig. 5.20 Ver a página de detalhes do depósito é injectada no Stored Procedure, as consultas dinâmicas são comparadas com a estrutura DFA da consulta e a consulta é considerada anormal e bloqueada no acesso à base de dados.

5.2 AVALIAÇÃO E ANÁLISE COMPARATIVA

O sistema proposto foi simulado através da implementação de uma aplicação bancária em linha, que é conhecida por ser vulnerável ao SQLIA. A aplicação foi implementada num servidor Glassfish com MySQL como base de dados. Os utilizadores da aplicação são classificados em utilizadores éticos e não éticos com base nas suas consultas anteriores, aplicando o algoritmo de classificação em que os padrões são armazenados na base de dados. Depois de obter os resultados da classificação, apenas os utilizadores éticos são autorizados a aceder à consulta seguinte e as restantes consultas são validadas através de uma análise estática e dinâmica. A função de validação analisa o modelo de consulta dinâmico em relação ao modelo de consulta estático. Se as funções de validação forem verdadeiras, a consulta é autorizada a aceder à base de dados; caso contrário, a consulta é considerada uma injeção SQL e o acesso à base de dados é bloqueado.

Tabela 5.1: Resultados da prevenção e deteção de SQLIA

Aplicação	**Número de consultas SQL**	**N.º médio de tokens por consulta**	**NÃO. Consultas de injeção de SQL**	**Prevenção**	**Deteção**
Aplicação bancária em linha	758	13	68	90%	99%

A partir dos resultados acima referidos, ao melhorar a técnica de análise estática e dinâmica, é possível detetar todos os tipos de ataques de injeção de SQL em aplicações Web

Nesta secção, anotamos o modo como os vários esquemas funcionam contra os ataques SQL Injection identificados e comparamo-los com o sistema proposto. A Tabela 5.1 mostra a análise comparativa das técnicas de prevenção de injecções SQL e os tipos de ataque. O símbolo "-" é utilizado para a técnica que pode parar com êxito todos os ataques desse tipo. O símbolo "x" é utilizado para a técnica que não é capaz de impedir ataques desse tipo. O símbolo "o" refere-se a uma técnica que só detém parcialmente o tipo de ataque devido a limitações da abordagem subjacente.

QUADRO 5.2 Resultados

Método de prevenção e deteção	Tautologias	Porquinho	Incorreto	Consulta da	Procedimen
AMNÉSIA [19]	-	-	-	-	×
CANDID [21]	o	o	o	o	o
DIWeDa [21]	×	×	×	×	×
JDBC Verificador [8]	o	o	o	o	o
SAFELI [9]	×	-	-	-	-
SecuriFly [11]	o	o	o	o	o
SQLIPA[22]	-	×	×	×	×
SQLCheck [23]	-	-	-	-	×
SQLGuard	-	-	-	-	×

Método de prevenção e deteção	Tautologias	Porquinho	Incorreto ^vg.v...y	Consulta da	jioueu
[12]					
SQLrand [20]	-	×	-	-	×
Swaddler [16]	o	o	o	o	o
ONDAS [7]	o	o	o	o	o
Método proposto	-	-	-	-	-

Símbolos: -: possível, o: parcialmente possível ×: impossível

Embora muitas abordagens tenham sido identificadas como técnicas de deteção ou prevenção, apenas algumas delas foram implementadas na prática. Por conseguinte, esta comparação não se baseia na experiência empírica, mas sim numa avaliação analítica. A partir dos resultados acima apresentados, ao melhorar a técnica de análise estática e dinâmica, é possível detetar os cinco tipos de ataques de injeção SQL.

CAPÍTULO VI

CONCLUSÃO E MELHORIAS FUTURAS

A maior parte das aplicações Web utiliza uma camada intermédia para aceitar um pedido do utilizador e recuperar informações sensíveis da base de dados. Na maior parte das vezes, utilizam uma linguagem de script para construir a camada intermédia. Para violar a segurança da base de dados, o hacker utiliza frequentemente técnicas de injeção de SQL. Geralmente, o atacante tenta confundir a tecnologia da camada intermédia, reformulando as consultas SQL. É possível que o atacante altere as actividades do programador em seu benefício. São utilizados vários métodos para evitar o ataque de injeção SQL a nível da aplicação, mas ainda não existe uma solução viável. Neste caso, o ataque de injeção de SQL é detectado através da comparação de consultas SQL estáticas com consultas geradas dinamicamente, removendo os valores dos atributos que conduzem a problemas de integridade.

Neste trabalho de projeto, o ataque de injeção de SQL será evitado classificando os utilizadores como éticos e não éticos e comparando a análise estática e dinâmica, o ataque de injeção de SQL será detectado. Na análise estática, será analisada a estrutura DFA da consulta em tempo de compilação e, na análise dinâmica, a estrutura DFA da consulta em tempo de execução.

A direção futura deste trabalho de projeto pode ser a procura de relatórios de injeção de SQL. Nos relatórios de injeção de SQL, o administrador pode manter os detalhes do atacante da aplicação web. . Isto ajuda o administrador a visualizar os relatórios de injeção. Estes relatórios de injeção contêm o número de identificação da injeção, o tipo de injeção, a identificação do utilizador, o endereço do protocolo Internet (IP), a data, a hora e o número da página Web em que a injeção teve lugar, etc. Com a ajuda dos relatórios de injeção, o administrador avisa o utilizador. Além disso, o administrador bloqueia o endereço IP (Internet Protocol) e o registo do utilizador em caso de múltiplas tentativas de injeção. Os relatórios de injeção de SQL armazenam as consultas de injeção com a ajuda do método de deteção de intrusão; as consultas normais não são armazenadas no âmbito destes relatórios de injeção de SQL.

REFERÊNCIAS

[1] Wikipédia, "Aplicação Web" http://en.wikipedia.org/wiki/Web_application

[2] Wikipedia, "Injeção de SQL" http://en.wikipedia.org/wiki/SQL_injection

[3] Wikipédia, "segurança da informação" http://en.wikipedia.org/wiki/Information Segurança

[4] Injeção de SQL ,https://www.owasp.org/index.php/SQL_Injection

[5] K. Amirtahmasebi, S. R. Jalalinia, S. Khadem, "A survey of SQL injection defense mechanisms," Proc. Of ICITST 2009, vol., no., pp.1-8, 9-12 Nov. 2009

[6] "Relatório semestral da base de dados de incidentes de pirataria informática na Web (WHID) de julho a dezembro de 2010", Trust wave Holdings, Inc, 2010.

[7] Y. Huang, S. Huang, T. Lin, e C. Tsai, "A Testing Framework for Web Application Security Assessment," *Computer Networks*, volume: 48 Issue: 5, pages: 739-761, 2005.

[8] C. Gould, Z. Su, e P. Devanbu. JDBC Checker, "A Static Analysis Tool for QL/JDBC Applications," *Actas da 26ª Conferência Internacional sobre Engenharia de Software (ICSE04) Formal Demos,* pp 697-698, 2004.

[9] Fu.X, Kai Qia, "SAFELI-SQL Injection Scanner Using Symbolic Execution, " *in Proceedings of the 2008 Workshop On Testing, Analysis, And Verification Of Web Services And Applications",* pp 34-39: ACM, 2008.

[10] V. Haldar, D. Chandra, e M. Franz, "Dynamic Taint Propagation for Java," em Proceedings *21ª Annual Computer Security Applications Conference*, Dez. 2005.

[11] M. Martin, B. Livshits, and M. S. Lam, "Finding Application Errors and Security Flaws Using PQL: A Program Query Language" *ACM SIGPLAN Notices*, Volume: 40, Issue: 10 Pages: 365-383, 2005

[12] G. T. Buehrer, B. W. Weide e P. A. G. Sivilotti, "Using Parse Tree Validation to Prevent SQL Injection Attacks", no *Workshop Internacional sobre Engenharia de Software e Middleware (SEM)*, 2005.

[13] Y. Huang, F. Yu, C. Hang, C. H. Tsai, D. T. Lee e S. Y. Kuo, "Securing Web Application Code by Static Analysis and Runtime Protection", *em Actas da 12ª Conferência Internacional sobre a World Wide Web (www 04),* maio de 2004.

[14] D. Scott e R. Sharp. Abstracting Application-level Web Security, "*IEEE Transactions on Knowledge and Data Engineering*," volume: 15, Issue: 4, Pages: 771783, 2003.

[15] P. Grazie, PhD, "SQL Prevent thesis", Universidade de British Columbia (UBC) Vancouver, Canadá, 2008.

[16] Macro Cova, Davide Balzarotti. *Swaddler:* An Approach for the Anomaly-based Detection of State Violations in Web Applications (Uma abordagem para a deteção baseada em anomalias

de violações de estado em aplicações Web). *Avanços Recentes em Deteção de Intrusão, Proceedings,* volume: 4637 Páginas: 63-86 Publicado em: 2007.

[17]Xiang Fu; Xin Lu; Peltsverger, and B. Shijun Chen, "A Static Analysis Framework For Detecting SQL Injection Vulnerabilities," *IEEE conference on Computer Software and Applications Conference,* pp**:** 87 - 96, 2007.

[17] G. Wassermann, Z. Su, "Uma estrutura de análise para segurança em aplicações Web", *In: Actas do Workshop FSE sobre Especificação e Verificação de Sistemas Baseados em Componentes, SAVCBS,* 2004, pp. 70-78.

[19] M. Junjin, "An Approach for SQL Injection Vulnerability Detection," *Proc. of the 6th Int. Conf. sobre Tecnologia da Informação: Novas Gerações*, Las Vegas, Nevada, pp. 1411-1414, abril de 2009.

[20] S. W. Boyd e A. D. Keromytis, "SQLrand: Preventing SQL Injection Attacks". *In Proceedings of the 2nd Applied Cryptography and Network Security Conference*," páginas 292-302, Jun. 2004.

[21] P. Bisht, P. Madhusudan, e V. N. Venkatakrishnan. "CANDID: Avaliações dinâmicas de candidatos para prevenção automática de ataques de injeção de SQL" *ACM Transaction on information System Security,* pp.1-39, 2010.

[22] S. Ali, SK. Shahzad e H. Javed, "SQLIPA: An Authentication Mechanism against SQL Injection, "*European Journal of Scientific Research ISSN 1450-216X Vol.38 No.4 (2009)*, pp 604-611.

[23] Z. Su e G. Wassermann "The essence of command injection attacks in web applications," *in ACM Symposium on Principles of Programming Languages (POPL'2006),* Jan.2006.

[24] Ke Wei, M. Muthuprasanna, Suraj Kothari "a prevenção da injeção de SQL em procedimentos armazenados" *no processo da 28ª Conferência Internacional sobre Engenharia de Software ICSE 06*(2006)

[25] R.A. McClure, and I.H. Kruger, "SQL DOM: compile time checking of dynamic SQL statements," *Software Engineering, ICSE '05, in proceedings. 27th International Conference on*, pp. 88- 96, 15-21 de maio de 2005.

[26] A. Roichman, E. Gudes, "DIWeDa - Detectando Intrusões em Bases de Dados da Web", *em:* Atluri," V. (ed.) DAS 2008. LNCS, vol. 5094, pp. 313-329. Springer, Heidelberg (2008).

[27] K. Kemalis, e T. Tzouramanis (2008), "SQL-IDS: A Specification-based Approach for SQLinjection Detection.", *SAC'08. Fortaleza, Ceará, Brasil, ACM*: pp. 2153 2158.

[28] R. Ezumalai, G. A. (2009). "Combinatorial Approach for Preventing SQL Injection Attacks", *S2009 IEEE International Advance Computing Conference (IACC 2009). Patiala,*

Índia: pp.1212-1217.

[29] M.Kiani, A. Clark e G.Mohay (2008), "Evaluation of Anomaly Based Character Distribution Models in the Detection of SQL Injection Attacks", *The Third International Conference on Availability, Reliability, and Security, IEEE Computer Society.*

[30] William G.J. Halfond, Alessandro Orso, e Panagiotis Manolios(2008), "WASP: Protecting Web Applications Using Positive Tainting and Syntax-Aware Evaluation," *IEEE Transactions on Software Engineering*, vol. 34, no. 1, pp 65-81.

[31] Inyong Lee , Soonki Jeong Sangsoo Yeoc, Jongsub Moond, "A novel method for SQL injection attack detection based on removing SQL query attribute," *Journal Of mathematical and computer modeling, Elsevier 2011.*

[32] Y. Kosuga, K. Kernel, M. Hanaoka, M. Hishiyama, Y. Takahama, "Sania: Syntactic and Semantic Analysis for Automated Testing Against SQL Injection", *em: Actas da Conferência de Aplicações de Segurança Informática* 2007, 2007, pp. 107117.

[33] F. Valeur, D. Mutz, e G. Vigna, "A Learning-Based Approach to the Detection of SQL Attacks" in *Proceedings of the Conference on Detection of Intrusions and Malware and Vulnerability Assessment (DIMVA)*, Viena, Áustria, julho de 2005.

[34] Paros. Parosproxy.org. http://www.parosproxy.org/.

[35] Y. Shin, " Improving the identification of atual input manipulation vulnerabilities", *em: 14º Simpósio ACM SIGSOFT sobre Fundamentos da Engenharia de Software ACM*, 2006.

[36] Tadeusz Pietraszek e Dhris Vanden Berghe, "Defending against Injection Attacks through Context-Sensitive String Evaluation", *Proceedings of Recent Advances in Intrusion Detection* (RAID2005).

[37] R. Ezumalai, G. A. (2009). "Combinatorial Approach for Preventing SQL Injection Attacks", *S2009 IEEE International Advance Computing Conference (IACC 2009). Patiala, Índia*: pp.1212-1217

[38] Mei Junjin, "An Approach for SQL Injection Vulnerability Detection," *Proc. of the 6th Int. Conf. sobre Tecnologia da Informação: Novas Gerações*, Las Vegas, Nevada, pp. 1411-1414, abril de 2009.

[39] Kemalis, K. e T. Tzouramanis, "SQL-IDS: A Specification-based Approach for SQL injection Detection", *SAC'08. Fortaleza, Ceará, Brasil, ACM* , pp.2153 2158, 2008.

[40] Roichman, A., Gudes, E., "Fine-grained Access Control to Web Databases" *Actas do 12.º Simpósio SACMAT*, França (2007).

[41] Dibyendu Aich , http://ethesis.nitrkl.ac.in/1504/1/thesis_to_upload.pdf

Printed by Books on Demand GmbH, Norderstedt / Germany